RECHERCHES

sur

LA VARIOLE

PAR

M.-P. Toussaint BARTHÉLEMY,

Docteur en médecine de la Faculté de Paris,
Ancien interne des hôpitaux de Paris,
Ancien interne de Lourcine et de Saint-Louis,
Membre titulaire de la Société clinique,
Chef de clinique de la Faculté à l'hôpital Saint-Louis.

PARIS

ADRIEN DELAHAYE ET E. LECROSNIER ÉDITEURS

Place de l'École-de-Médecine

—

1880

RECHERCHES

SUR

LA VARIOLE

PAR

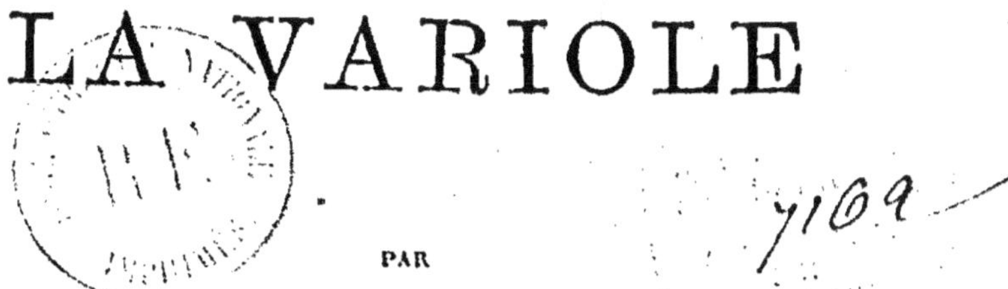

M.-P. Toussaint BARTHÉLEMY,

Docteur en médecine de la Faculté de Paris,
Ancien interne des hôpitaux de Paris,
Ancien interne de Lourcine et de Saint-Louis,
Membre titulaire de la Société clinique,
Chef de clinique de la Faculté à l'hôpital Saint-Louis.

PARIS
ADRIEN DELAHAYE ET E. LECROSNIER ÉDITEURS
Place de l'École-de-Médecine
—
1880

A L'ALSACE-LORRAINE

A MON CHER PAYS DE METZ

A LA MEMOIRE DE MON PÈRE

A MA MÈRE

Toussaint Barthélemy.

A MA SŒUR

A MON BEAU-FRÉRE

A MES AMIS

A MA FAMILLE

AVANT-PROPOS

L'épidémie de variole qui sévit depuis l'année dernière à Paris, est remarquable plutôt par sa persistance que par son intensité.

Son développement si rapide après celle de 1870 qui a fait tant de victimes, démontre l'affaiblissement chez nous de l'immunité vaccinale.

Une certaine actualité s'attache donc aux problèmes soulevés par la variole et par la vaccine et leur étude est intimement liée avec la santé publique.

Un grand nombre de travaux importants ont paru sur ce sujet dans ces dernières années, et il m'a paru intéressant de jeter sur eux un coup d'œil d'ensemble.

Telles sont les raisons qui m'ont fait choisir le sujet de cette thèse de doctorat dans laquelle j'exposerai les résultats de mes observations pendant l'année 1879. J'avais alors l'honneur d'être interne dans le service de M. le Dr Rigal, à l'hôpital Saint-Antoine, où j'ai pu voir et apprécier, sous la direction éclairée de ce maître, un des côtés les plus importants de l'épidémie parisienne. La thèse marque la fin des études et inaugure l'entrée dans la carrière médicale. Arrivé à la période de transition, qu'il me soit permis de jeter un regard en arrière : je veux profiter de cette occasion pour acquitter une dette de reconnaissance et pour remercier publiquement les maîtres qui m'ont guidé et instruit, qui m'ont toujours montré le plus vif intérêt et qui m'on plus d'une fois particulièrement prouvé leur sollicitude.

Que MM. les professeurs Le Fort, Lasègue et Fournier; que MM. les Dʳˢ Martineau et Rigal veuillent bien recevoir ici l'expression de ma respectueuse affection ainsi que l'hommage de cette thèse.

Qu'il me soit permis aussi d'offrir mes meilleurs remerciements aux excellents collègues et amis MM. Suchard, Bar et Bastard qui ont mis tant d'empressement à m'aider dans ces recherches.

RECHERCHES

SUR

LA VARIOLE

———

INTRODUCTION.

La variole est un type de maladie spécifique aiguë, de cause extérieure à l'organisme.

Elle sévit sur le genre humain depuis une époque probablement très reculée. La rareté des descriptions antiques qui peuvent s'y rapporter n'est pas une raison suffisante pour lui imposer une récente origine. Elle épargne certaines régions jusqu'au jour où elle y est importée d'une façon quelconque, et elle a très bien pu ne pas se montrer à l'époque et dans le milieu où vécurent les observateurs qui auraient pu nous en instruire. On en peut juger par ce qui se passe de nos jours : telles îles de l'Océanie furent toujours épargnées, — ou du moins qu'en sait-on ? — Un jour, par malheur, un navire les infecte. Sans aller si loin, rappelons les ravages terribles qu'exerça la rougeole en 1846, sur la population indigène des îles Féroë. Autrefois, la variole a pu en faire de plus horribles encore sans qu'aucun indigène ait tenté ou même ait pu songer à laisser une description destinée à éclairer les générations futures.

Est-il fait mention de la variole dans les livres des Brahmines remontant à 3000 ans ? Est-ce bien à elle que se rapportent diverses inscriptions grecques ou romaines? A-t-elle fait partie des sept plaies d'Egypte? Est-elle née sur les bords du Nil ou dans les environs du Caire ? Doit-on plutôt lui donner pour berceau, tout au moins à la variole européenne, l'Arabie où elle aurait paru pour la première fois au siège de la Mecque, en 569, et la croire inconnue des anciens et seulement à peu près contemporaine de la naissance de Mahomet (573) ? (Manuscrit de la bibliothèque de Leyde.)

Ce sont tout autant de problèmes auxquels il n'a pas encore été fait de réponse présentant une certitude définitive. Moïse, Hippocrate, n'en ont point parlé. Les Arabes la signalent nettement à partir du VIIe siècle (Rayer, mal. de peau, t. I, p. 550); les guerres, les conquêtes, les invasions, ne tardèrent pas à la propager et à multiplier les cas de variole, et Rhazès (Dict. de médecine, t. xxx) a pu en donner au IXe siècle une bonne description médicale, où toutefois il omet un caractère essentiel, la contagion, qui ne devint bientôt que par trop évidente.

Ce que les Sarrazins transmirent aux Européens, ceux-ci le portèrent aux Américains ; l'Amérique, par un cruel échange, a rendu à l'Europe fléau pour fléau.

L'ancien professeur de l'histoire de la médecine, M. le D' Parrot (Gazette des Hôpitaux, 18 mars 1880), dans de récentes et précieuses cliniques, nous apprend les dénominations variées que cette maladie a reçues dans les divers pays d'Europe. En France, elle était connue, paraît-il, dès le vi° siècle de notre ère; Grégoire de Tours la désigne sous le nom de *morbus varius*, d'où est venu le nom de variole, à cause de l'aspect bariolé de la peau. Vers la même époque, Marius, évêque d'Avranches, lui donne le nom de *varus*, d'où l'on a fait vérole, en y ajoutant toutefois un qualificatif diminutif afin de distinguer la variole de la maladie que Voltaire appelle sa sœur aînée.

Quoiqu'il en soit, depuis longtemps, à Paris, il y a toujours des varioleux, ainsi qu'on peut s'en rendre compte en parcourant les bulletins de la mortalité. En 1810, Vacher publie son étude médicale et statistique sur la mortalité. C'est à cette époque que remontent les premières constatations officielles des décès par petite vérole à Paris. On en compte 3,500 de 1810 à 1829; 5,000 de 1820 à 1829 ; la mortalité par variole a beaucoup augmenté durant cette période décennale, à cause des épidémies meurtrières de 1821 et de 1822. Elle s'abaisse ensuite notablement :

2,500 de 1830 à 1839,
3,400 de 1840 à 1859,

et remonte encore de 1860 à 1869 où l'on constate la mort de 4,200 varioleux.

Au mois de novembre 1869 survient une augmentation brusque, considérable ; une épidémie éclate, qui avait déjà tenté de se montrer à la fin de 1865 ; s'annonçant au [début avec des allures menaçantes, elle s'était atténuée aux approches du printemps pour bientôt tomber au-dessous de la moyenne habituelle qui est de 12 à 1,500 malades par année et de 150 morts environ, soit une moyenne de 12,28.

Cette évolution est d'ailleurs celle de toutes les épidémies de variole dans notre climat. M. Besnier(Bulletins de la Société médicale des hôpitaux, 1870, p. 146, Paris,) formule même ainsi la loi d'évolution des maladies zymotiques dans les régions tempérées : commencée en automne, l'exacerbation s'accentue en hiver, baisse au printemps, tombe en été, !puis recommence ; elle s'appliquerait d'ailleurs aussi bien au nombre qu'à la gravité.

La variole est éminemment contagieuse et inoculable, c'est-à-dire transmissible par une surface privée de son revêtement protecteur, au moyen soit du contact, soit de l'absorption pulmonaire, soit de l'inoculation. L'idée de contagion, en effet, n'impose pas la nécessité du contact, comme le voulaient les anciens médecins ; c'est même par la respiration, plus souvent encore que par le contact, que se produit l'intoxication, et, certes, la muqueuse des voies respiratoires, des fosses nasales aux alvéoles, doit être plus souvent mise en cause que l'enveloppe cutanée.

Sans nul doute, elle peut être due à la formation spontanée (séance de l'Académie de médecine, 18 novembre 1879), mais elle est causée bien plus souvent par la pénétration rapide, soit accidentelle, soit volontaire, d'un virus spécial, du virus variolique dans l'organisme.

En tant que maladie objective, la variole est constituée, d'une part, par l'action nocive qu'exerce l'agent toxique sur l'économie, d'autre part, par les efforts réactionnels du système nerveux atteint. Après une *incubation*, de durée variable, à partir du moment de la pénétration virulente dans l'organisme, la maladie passe à la période dite *d'invasion*. Les virus sont doués de la funeste propriété de se fortifier quand ils sont jetés dans un milieu favorable, soit en se développant de proche en proche à la manière de l'étincelle qui embrase la meule de paille, soit plutôt en se multipliant ; cette prolifération est d'autant plus rapide, abondante et puissante, à part de très rares exceptions, qu'ils tombent sur un terrain vierge encore de leurs atteintes.

On ne peut comprendre autrement comment la quantité infinitésimale de virus, soit inoculée, soit transportable sur une poussière atmosphérique et importée par l'inspiration sur la muqueuse bronchique où elle absorbée, peut arriver à tuer ou à endommager si gravement l'organisme contaminé ; c'est sur ce redoutable pouvoir de se reproduire et de pulluler que repose une des principales distinctions entre les venins et les virus, et c'est pour cela que la question de dose ne doit pas être comprise, pour la variole et pour les maladies analogues, de la même façon que pour les autres intoxications ; il est probable, en effet, qu'il ne se développe jamais sur un sujet donné qu'une proportion déterminée de matière virulente, proportion qui est spéciale au sujet et variable d'ailleurs selon les moments. C'est précisément au laps de temps nécessaire au virus pour préparer sa prolifération silencieuse et effectuer son insidieuse installation dans l'économie, que correspond la période *d'incubation* de chaque maladie éruptive ; aussi sa durée varie-t-elle pour chaque espèce de virus et même pour chaque sujet selon les conditions plus ou moins favorables au développement de ce virus. Nous aurons plus loin l'occasion de montrer que la propriété de contagion existe bien moins dans le virus lui-même que dans notre organisme qui a pour tel ou tel virus une *réceptivité* plus ou moins grande. Cette disposition réceptive, si variable elle même, fait varier par conséquent les périodes d'incubation, d'invasion, etc., qui ne sont que les diverses étapes du voyage, pénible ou facile, du virus à travers notre être. Ce fait condamne absolument la tentative toute artificielle et arbitraire des pathologistes qui ont voulu encadrer pour ainsi dire, partager et enferme˜ dans des limites exactes, de durée précise, déterminable à l'avance et toujours identique à elle-même, l'évolution des fièvres dites éruptives. Nous nous réservons de citer plus loin les faits qui démontrent l'inanité de ces divisions commodes pour l'œil et l'esprit, mais étrangères à ce qu'on observe au lit du malade.

Quand le virus s'est ainsi généralisé ou multiplié, quand il a pour ainsi dire organisé, rassemblé et mobilisé ses forces, il attaque l'organisme et lui livre un assaut toujours acharné, puisqu'il ne se termine jamais que par l'anéantissement ou l'expulsion de l'un ou de l'autre adversaire. Cette attaque correspond à la *période d'invasion*. La maladie éclate et se confirme ; c'est la lutte entre le virus et l'organisme, dont l'*éruption* marque l'issue et constitue la conclusion.

On voit immédiatement, par cet exposé comparatif, que nous allons rencontrer deux sortes de lésions : les unes *essentielles*, spéciales, directes, absolues, identiques, nées d'une façon immédiate et primitive de l'action même du virus ; les autres, *banales*, vulgaires, communes, consécutives, relatives, contingentes par conséquent, causées seulement [par les troubles de nutrition secondaires et par de simples perturbations accidentelles des fonctions, et qui ne sont que le retentissement lointain des secousses subies, ou le fait de complications nullement fatales, variables suivant les sujets, les milieux, les circonstances, suivant aussi les constitutions médicales et les génies épidémiques. Les premières constituent la fièvre éruptive proprement dite, évoluant avec les caractères qui lui sont particuliers ; les secondes sont les diverses affections qui peuvent frapper le malade, soit dans le cours, soit à l'occasion de la variole et, qui, sans être engendrées par elle, peuvent rendre son atteinte plus fâcheuse et compromettre ou retarder plus ou moins longtemps la *guérison* définitive.

Celle-ci devrait avoir lieu aussitôt que l'organisme, qui a résisté à l'attaque, sort victorieux de la lutte, dès qu'il a réussi à repousser l'agression inopinée, à chasser le virus hors de ses frontières, c'est-à-dire immédiatement *après l'éruption, suprême effort éliminateur*.

Ne peut-on admettre, en effet, au lieu de voir dans les pustules l'effet spécial de l'irritation virulente sur la peau, que l'éruption n'est pas autre chose que le moyen choisi par l'organisme pour se purger, se délivrer de tout le poison qu'il renferme ? Ces vésico-pustules qui couvrent la surface cutanée et qui, toutes, sont remplies et gorgées de liquide virulent et éminemment contagieux, ne viennent-elles pas attester, d'une part, l'immense travail qu'a subi la petite particule primitivement inoculée pour ainsi se multiplier, et d'autre part les efforts considérables opérés par les éléments épurateurs de l'organisme pour rassembler toutes les molécules nuisibles, les saisir, les amener des profondeurs de l'être à la surface de la peau et les expulser définitivement ? Eh bien ! n'est-ce pas alors, dès que le virus est complètement éliminé, c'est-à-dire aussitôt après cette éruption réellement libératrice, grâce à laquelle il ne reste plus dans l'organisme une seule molécule virulente, n'est-ce pas alors, disons-nous, que devrait avoir lieu la guérison ?

Et il en serait ainsi en effet, si l'économie n'avait pas à refaire ses forces épuisées par la lutte, à réparer ses pertes, à se reposer des prodigieux efforts, vrais excès vitaux, auxquels elle a dû suffire pour résister et pour vaincre. C'est cette réparation qui comprend : pour la peau, *les périodes de suppuration, de dessiccation, de desquamation*, devenues simples épiphénomènes et non plus considérées comme parties intégrantes de la variole ; et, pour l'état général, la convalescence proprement dite.

Telle est la maladie à l'étude de laquelle nous nous sommes livré et telles sont les réflexions que nous avons été amené à faire à ce sujet, pendant l'année 1877, dans le service de notre affectionné maître, M. le D' Rigal, à l'hôpital Saint-Antoine, où nous avons pu observer et soigner environ 400 varioleux.

Les circonstances d'urgence spéciale, dans lesquelles nous avons été placé, nous ont empêché de réaliser notre programme primitif et d'aborder ici l'étude de la nature du virus variolique, du *variose*, comme l'appelle Piorry, de sa puissance toxique, de ses modes de propagation et d'intoxication ; nous ne pourrons toucher non plus aux questions si importantes, de contagion et d'immunité, soit naturelle, soit acquise. Nous ne parlerons même pas de la *vac-cination* ni de la *revaccination*, dont nos observations nous ont pourtant démontré si nettement la *néces-sité*. Nous souhaiterons qu'elles soient toujours faites avec le vaccin humain, de beaucoup le meilleur et le plus sûr. Car, s'il est vrai que les cas de syphilis vaccinale ne soient pas absolument rares (Clinique de Fournier, juillet 1880), il n'en est pas moins vrai que l'effet de la vaccination animale est très souvent illusoire et qu'on reste ainsi dans une sécurité dangereuse. D'autre part, les journaux italiens signalaient récemment une épidémie de morve qui a fait de nombreuses victimes et qui n'eut pas d'autre origine.

En face de problèmes si nombreux et qui intéressent le médecin à un si [haut point, notre compétence est bien chétive et notre tribut bien modeste. Nous nous recommandons donc à l'indulgence de nos juges. Beaucoup de ces questions sont d'ailleurs encore loin de pouvoir être résolues aujourd'hui, malgré de très nombreux travaux entrepris grâce au microscope, et quand 'on considère l'étude, par exemple, des microbes, sans idée systématique, on reste convaincu devant les affirmations contradictoires de savants consciencieux que cette partie de la biologie est encore à peine ébauchée, et que le moment n'est pas venu de chercher à coordonner dans quelques propositions synthéthiques des résultats encore si controversés.

Nous ne pouvons cependant, même dans un travail de ce genre, passer sous silence le grand événement scientifique qui a été annoncé le 10 février 1880 à l'Académie de médecine. Un savant illustre, dans ce jour destiné à devenir mémorable, a assuré qu'il était sur la voie de la découverte du vaccin des di-

verses maladies virulentes qui déciment l'humanité !
Certes, nous sommes loin d'être de ceux qui croient
à l'infaillibilité médicale des princes de la chimie, fût-
elle biologique, et nous pensons que jamais médecin,
moderne ou futur, ne pourra préférer aux enseignements de la clinique les indications prises dans des
liquides plus ou moins exactement mis à l'abri de
l'air. Sans nul doute, les germes venus de l'extérieur
jouent un grand rôle dans la pathologie humaine;
mais notre organisme malade peut en créer de toutes
pièces dont il est impossible au médecin qui a observé des malades de nier l'influence néfaste. Telle
est la doctrine de l'*intériorité* si brillamment défendue à l'Académie contre celle de l'*extériorité*, beaucoup trop exclusive, par notre excellent maître
M. le professeur Le Fort qui, en clinicien expéri-
menté, nous a plus d'une fois fait voir la part considérable qu'il faut lui attribuer dans la genèse des
maladies. Rappelons-nous d'autre part que M. Pasteur, devant lequel on regrettait de ne pouvoir pas
étudier cliniquement la peste, a donné le conseil de
créer des sujets artificiels d'observation par des inoculations aux animaux. Raisonnons par analogie :
Si l'on avait appliqué ce procédé de recherches à
l'étude de la syphilis, par exemple, combien serait-
on loin des résultats et des connaissances que l'on doit
aux travaux de M. Ricord, de M. le professeur Fournier et d'autres syphiliographes ?

Quant à nous, c'est en vain que nous avons essayé
d'inoculer la variole à des chiens, à des chats, lapins
et cobayes, et aux animaux que nous avions sous la
main.

Ces réserves faites, on ne pourra nous reprocher
un enthousiasme aveugle pour les doctrines de

M. Pasteur. D'ailleurs l'illustre savant n'eût pas ainsi parlé publiquement, s'il n'avait eu de sérieuses raisons de succès et d'espoir. Or, peut-on se défendre d'une profonde émotion en face de cette grande nouvelle :

La découverte du moyen de se préserver du choléra, de la peste, de la fièvre jaune, de la diphthérie, de la syphilis, de la variole, de la rougeole, de la scarlatine, de la coqueluche ?

De quelle suprême satisfaction les médecins n'auront-ils pas le cœur rempli quand, par cette admirable conquête, l'on n'aura plus à redouter une affreuse impuissance en face de pareils fléaux ? En vérité, l'on en vient à envier du plus profond du cœur le sort des médecins heureux qui vivront alors que toutes ces maladies virulentes ne seront plus connues que par les descriptions de notre triste époque !

CHAPITRE PREMIER

Nous avons vu que la variole est endémique, à Paris tout au moins. De loin en loin, les susceptibilités individuelles reparaissent et les cas sporadiques donnent lieu à une épidémie, car alors ils constituent tout autant de foyers de contagion et d'irradiation.

La contagion est en effet une des causes principales d'une épidémie. Celle-ci est très modifiée, il est vrai, par l'âge, la race, les prédispositions individuelles, les conditions de vie et d'hygiène, le milieu, les conditions météorologiques, les saisons, la température (Besnier), la fréquence des pluies (Brouardel, Soc. de méd. Décembre 1870), etc.

Toutefois, si ce n'est par une influence épidémique générale, mais bien par contagion, que se propage la variole chez les individus qui se trouvent *en état de réceptivité morbide*, le contage direct et le contact sont loin d'être les seules et indispensables causes de l'éclosion d'une épidémie. Celle-ci résulte bien plus souvent de l'inspiration d'une colonne d'air tenant en suspension une proportion plus ou moins pondérable de poussières varioliques. Les poussières en effet, comme l'a démontré expérimentalement M. le professeur Brouardel, sont les agents inoculateurs par excellence et constituent la source principale de la variole. Notons bien toutefois qu'elles n'en sont pas la source unique, puisque, selon la remarque de

Chauffard, la variole est transmissible non seulement au moment de la suppuration et avant toute trace de dessiccation, mais même dès la période prodromique. (Société méd. des hôp. 1870, Chauffard). Cette réceptivité du virus par les croûtes a été établie encore en 1874 (Archives générales de médecine) par les expériences de M. Züezler, de Berlin, sur les singes ; elle était d'ailleurs depuis longtemps connue des Chinois qui renfermaient dans des boites des croûtes réduites en poudre fine pour les faire priser ensuite à ceux auxquels ils voulaient inoculer la variole (Laveran, p. 367, Traité des maladies et épidémies des armées. — Hocquard, p. 116). De ce fait découle une conséquence pratique : les croûtes sont plus lourdes que l'air et devront nécessairement et bientôt tomber; il ne faut donc jamais mettre les varioleux au premier étage, alors qu'il y a au-dessous des malades pouvant être infectés par les croûtes. Celles-ci, d'ailleurs, au dire de presque tous les observateurs, ne se propagent pas bien loin ; c'est ce que M. Brouardel est arrivé à démontrer bien nettement. Toutefois, d'après les statistiques récentes de M. Bertillon, elles raient assez loin pour que les hôpitaux d'isolement placés dans des quartiers populeux, soient, pour le voisinage, des foyers d'infection et des causes d'exagération épidémique.

Mais ce ne sont pas là toutes les causes de l'inoculation varioleuse. M. le professeur Fournier nous apprend à ce sujet un fait fort intéressant qui lui est personnel : c'est la transmission de la variole par le sang, même un certain nombre d'heures après la mort. En effet, faisant une autopsie, M. Fournier alors externe dans un service de varioleux, contracta la variole à la suite d'une piqûre anatomique. Nous reviendrons sur ce fait quand nous traiterons de l'inoculation.

Quoi qu'il en soit, le virus a pénétré dans l'économie. A quelles lésions va-t-il donner lieu? Aux lésions des intoxications en 'général, lésions primitives du sang et du système nerveux, lésions consécutives des divers organes, de leurs fonctions et de la nutrition. La variole est une intoxication aiguë par un poison organique, voilà le fait certain. Mais ce poison organique altère-t-il immédiatement et profondément le sang? Ce sang fournit-il à son tour des matériaux avariés et insuffisants pour la réparation du système nerveux qui réagit alors à sa manière, ou bien le virus porte-t-il directement son action nocive sur le système nerveux? Nous n'en savons rien en réalité et nous sommes obligé ici d'entrer dans le domaine de l'hypothèse. Mais l'intoxication, la souffrance du système nerveux sont manifestes. Les divers symptômes de la variole ne sont-ils pas tous des expressions plus ou moins vives de la mutilation nerveuse? Les malaises du début, le frisson, la céphalalgie, la rachialgie, les rash, ne sont que des phénomènes de même ordre : véritables cris de douleur du système nerveux et principalement du système nerveux médullaire et rachidien.

I. *Altérations du sang.*

Deux opinions sont en présence :

L'une, défendue par Lebert, nie l'existence des microzoaires dans le sang des varioleux; c'est celle qui aujourd'hui est à peu près généralement admise.

L'autre est celle de la nature parasitaire du contagium de la variole. D'après M. Magnin (Thèse de concours, 1878, « sur les Bactéries. »), on peut diviser en deux groupes les partisans de cette théorie : 1° ceux qui avec MM. Coze et Feltz (Recherches sur les maladies infectieuses Paris, 1872) attribuent la virulence à des bactéries; 2° ceux qui avec MM. Weigert, Luginbühl la mettent sur le compte des micrococcus. »

Les bactéries trouvées dans le sang des varioleux, sont des bâtonnets dont le nom rappelle, paraît-il, le bacterium bacillus et le bactérium termo de Müller. Ces éléments ne ressembleraient en rien à ceux qu'on retrouve dans les autres infections et, inoculés, posséderaient le pouvoir de reproduire la variole. Mais, d'une part, on ne trouve pas de bactéries chez tous les varioleux, et, d'autre part, M. Chauveau a montré que la maladie transmise n'était pas et ne pouvait pas être la variole.

D'après MM. Luginbühl, Weigert, Hallier, Cohn, nous apprend encore M. Magnin, les micrococcus, doués de tous les caractères de bactéries sphériques, se trouvent dans les boutons varioleux, le réseau de Malpighi, le foie, la rate, les reins, les ganglions lymphatiques. On retrouverait d'ailleurs dans la lymphe vaccinale des micrococcus analogues, à tous les points de vue, à ceux de la variole, et M. Cohn les considère comme deux races de la même espèce, le *micrococcus vaccinœ*. Mais on ne peut insister que sur le fait de la concomitance de la variole et de la présence des micrococcus, puisque l'expérimentation ne peut donner de résultat pour cette affection dont l'évolution complète ne se fait que chez l'homme.

Quant aux variations de formes prétendues caractéristiques dans les globules du sang des varioleux, rien n'est moins exact; l'aspect crénelé, la forme de roue d'engrenage, la forme étoilée ou la disposition muriforme sont des altérations communes à toutes les affections septiques et beaucoup plutôt à l'effet du contact de l'air ou de la préparation elle-même. L'avis unanime des histologistes, depuis qu'on sait mieux comment se comportent les globules dans les diverses maladies et dans les expériences auxquelles on les soumet, est qu'on ne connaît pas encore d'altération morphologique des globules sanguins caractéristiques de la variole.

Sans doute, les globules sanguins, dans la maladie dont nous parlons, ne s'empilent pas aussi facilement que dans le sang des malades atteints d'affections inflammatoires, ou même que dans le sang normal. Bien plus, ils se dissocient d'une façon marquée. Il faut dire cependant que ces lésions se retrouvent à la suite des intoxications par tous les poisons stéatogènes, phosphore, arsénic, antimoine, et n'ont rien de spécial à la variole, sur le pouvoir stéatogène de laquelle nous reviendrons. (Coze et Feltz, loc. cit. Ritter, thèse pour le doctorat ès sciences. Paris, 1872).

Il est du reste très difficile, dans l'état actuel de nos connaissances, de tirer, pour l'étude de l'anatomie pathologique, des conclusions du phénomène de l'empilement des globules rouges du sang. A l'état normal, ce phénomène se produit et ses conditions ne sont pas encore complètement établies. Deux théories sont proposées jusqu'ici pour l'expliquer. M. Robin (Journal de Brown-Séquard, 1868) attribue à la fibrine la disposition en piles des globules rouges du sang. Pour Velker et pour M. Ranvier (technique d'histologie, p. 85) le fait dont nous parlons serait dû au principe bien connu de physique suivant lequel tous les petits corps plats, mobiles dans un liquide, subissent les uns pour les autres une attraction mutuelle et tendent à se mettre en rapport par leurs plus grandes surfaces. M. Ranvier a même prouvé, et le fait est important, que les globules rouges s'empilaient aussi bien dans le sang défibriné que dans celui qui sort des vaisseaux.

Ainsi, *jusqu'à présent*, pas de microbe ni de vibrion spécial à la variole non plus que d'altération caractérisque du sang.

Dès le début de la maladie, le sang est modifié, il est plus diffluent, il ne se coagule pas comme dans les inflammations, il ne contient pas de fibrine en excès et il est dépourvu de toute couenne mince et molle. On a signalé de petites granulations fines et brillantes placées dans la préparation, sur deux lignes parallèles au nombre de 4 ou 5; on a dit que c'étaient des champignons, ce qui serait inexact, puisque ceux-ci se colorent en brun et non en bleu par l'iode. Mais ces granulations ne sont pas autre chose que des bâtonnets ou des points mobiles vulgaires, ou bien, ce sont des globulins, des microcytes qui semblent représenter une des phases de l'évolution des globules rouges, sans avoir rien qui soit particulier à la variole. Dans les varioles très graves, on les trouve dès le début de l'éruption. Les microcytes apparaissent dans le sang dès le début de la suppuration.

Donc, d'une part, les divers éléments du sang, pendant cette maladie, se comportent d'une façon analogue à celle qu'ils affectent dans la leucocythémie, la septicémie, ou le scorbut, ainsi qu'il résulte des travaux de MM. Charcot et Vulpian, Manasséïn et Erb, Vanlair et Masius, Hayem, etc. Ce dernier auteur a déjà fait connaître l'altération du sang dans un certain nombre de maladies aiguës, le moment de la destruction des globules, les plaques phlegmasiques, le début de la régénération, le rôle des microcytes et des hématoblastes.

D'autre part, il est évident, que dans la variole qui est bien une intoxication, mais une intoxication aiguë, le sang doit subir aussi des modifications proportionnelles à l'acuité de l'affection. Nous savons d'ailleurs que M. Hayem a repris la question qui bientôt pourra être jugée d'après les données nouvelles et les progrès récents de l'hématologie.

Pour en finir avec les vibrioniens de la variole, disons encore que M. Hocquard, dans une remarquable étude sur l'épidémie de 1875 à Lyon, a examiné minutieusement le contenu des nombreux abcès que l'on observe parfois dans le déclin de la maladie. S'il était un milieu favorable au séjour et au développement des vibrioniens, c'était bien ce pus sécrété par des varioleux dans un milieu variolisé. Or, chaque fois que le pus était examiné immédiatement après l'ouverture des abcès, il n'a jamais paru renfermer ni bactérie ni vibrion.

L'examen microscopique était-il pratiqué une heure après l'ouverture de la collection purulente? les vibrioniens remplissaient la préparation. Donc, là encore rien de particulier à la variole pas plus que l'augmentation des globules blancs, des globules lymphatiques ou de pus qui atteint son maximum lors de la suppuration des vésico-pustules. Dès le cinquième jour de la maladie le sang des varioleux contient d'autant plus de leucocytes que l'intensité de la maladie et de la fièvre est plus grande. L'abondance augmente encore le sixième et septième jour. Mais, déjà avant la pustulation, on en trouve sous le champ du microscope un nombre relativement considérable soit 12 en moyenne; un peu plus tard, lors de la suppuration, c'est 30 qu'on peut compter. Cette augmentation de leucocytes a-t-elle une relation directe avec la formation ultérieure des abcès et la fièvre tertiaire, ainsi que le veut M. Brouardel? Nous n'en sommes pas convaincu, car tous les varioleux ont de l'hyperleucocytose qui a son maximum au début de la période de suppuration (1) et tous n'ont pas d'abcès, ce serait donc une simple question de proportion. Il est vrai que la diathèse purulente avec ses manifestations phlegmoneuses multiples n'est aussi qu'une affaire de quantité: tous les varioleux en effet sont fortement prédisposés à la purulence, comme on peut le voir, dès qu'ils sont atteints d'une complication quelconque: pleurésie, pneumonie, péricardite, etc. D'un autre côté, rien n'est plus remarquable que l'apparition des abcès chez les varioleux. Tel malade vient de traverser heureusement la période aiguë d'une variole, généralement grave, cohérente — confluente le plus souvent, mais ayant pu cependant être discrète. Les croûtes commencent à tomber; le soir on laisse le malade en pleine convalescence; le lendemain matin, il indique un certain nombre de points douloureux et tuméfiés et des abcès de toutes dimensions vont en quelques jours se former sous la peau et en un grand nombre de régions. « La multiplicité de ces abcès, leur formation inattendue et soudaine, dit M. le professeur Broca (t. I, p. 302), prouvent qu'ils naissent sous l'influence d'un état général pyogénique très accentué. » Le malade peut succomber à l'abondance de la suppuration; le fait est rare cependant, car ces abcès sont l'expression d'un état médiocrement grave par lui-même et bien différent en cela de ceux que fait naître l'infection purulente. « Rien ne révèle ici l'existence des abcès avant leur formation et, lorsque ceux-ci sont une fois formés, c'est d'eux, et non de leur cause que résulte tout le danger. » Supposons que les abcès multiples des varioleux, au

(1) Meunier, thèse de Paris, 1877, p. 50.

lieu de se former sous la peau, se forment dans le foie ou dans les p'umons; le cas serait presque inévitablement mortel et la cause de ces abcès ne serait pourtant ni plus ni moins grave que dans les cas ordinaires.

Remarquons donc qu'il est dans la nature de la pyogénie varioleuse de se localiser dans les parties superficielles et que c'est de cette tendance que résulte la bénignité générale de ces lésions. Nous verrons plus loin que c'est là qu'il faut chercher *la cause de la suppuration des pustules.* Cette suppuration ne doit pas, selon nous, constituer une période spéciale de la maladie; car elle n'en est véritablement qu'un épiphénomène et, à proprement parler, n'en fait plus partie. Pour éliminer le virus toxique, le procédé employé par le système nerveux en réponse aux irritations spéciales que lui inflige ce virus, a consisté dans une quantité plus ou moins considérable de pustules. Nous verrons plus loin que la formation de celle-ci exige et entraîne une désorganisation d'autant plus profonde du derme que les pustules sont plus nombreuses. Il y a dermite, c'est-à-dire inflammation du derme; car, que cette inflammation soit au derme ou à la plèvre, nous avons vu qu'étant donnée la tendance pyogénique du varioleux, l'inflammation entraînera la formation du pus. Rien d'étonnant donc à voir les pustules d'abord séreuses devenir purulentes. Mais l'on voit que la maladie n'agit plus pour cela et que les symptômes n'évoluent plus pour ainsi dire qu'en vertu de la vitesse acquise. De ce qui précède il résulte une importante remarque, à savoir que c'est bien de l'état général et non de l'extérieur que naît la tendance à la purulence; tous ces abcès sont le résultat de l'infection du varioleux par lui-même et non par ses voisins. La variole en effet est contagieuse, mais elle n'est pas infectieuse, à la façon du typhus, par exemple, qui, créé par les mauvaises conditions hygiéniques, devient d'autant plus intense que l'agglomération se prolonge ou s'exagère. En un mot, il n'y a pas de *survariolisation*, c'est-à-dire d'augmentation de la gravité d'une variole par le voisinage d'autres varioleux et l'on peut, sans danger pour les isolés, réunir les varioleux dans des pavillons spéciaux et préserver les autres personnes.

Dans ses études hématologiques, M. Quinquaud signale dans la variole confluente, des modifications importantes : avant l'éruption, l'hémoglobine diminue ; pendant l'éruption l'abaissement continue et augmente de plus en plus pendant la suppuration et la dessiccation. C'est ainsi qu'au lieu de 120 à 150 gr. d'hémoglobine par 1000 grammes de sang, ce qui constitue la moyenne chez l'homme sain, la matière colorante du sang tombe à la fin de la variole à 75 grammes ; plus tard elle augmente, et la réparation se fait plus rapidement que dans la fièvre typhoïde, caractère qui différencie encore la variole, maladie virulente, des maladies infectieuses.

M. Brouardel a vu que les gaz du sang étaient moins abondants que chez l'homme sain dans la proportion du simple au double. Ce n'est pas là une lésion primitive, mais seulement un effet de la diminution ou même de la suppression des échanges nutritifs (Société médicale des hôpitaux, 1870, p. 273) ; ce qui est la lésion primitive, c'est la torpeur du système nerveux qui préside aux échanges moléculaires.

Malgré tous ces travaux, l'étude du sang des varioleux est donc encore loin d'être terminée. Tout ce

qu'on en sait aujourd'hui ne peut que contribuer à
faire considérer la variole comme le fait d'une intoxication par un poison organique qui ne nous est encore connu que par ses effets.

L'observation de M. le professeur Fournier, les
expériences de M. Züelzer (De l'étiologie de la variole, Centralblatt, 1874, n° 6, p. 82, voir Hayem,
T. IV, p. 138) démontrent le pouvoir contagieux du
sang variolique. Les diverses sécrétions semblent au
contraire en être totalement dépourvues; la sérosité
semble elle-même complètement inoffensive. Nous
allons brièvement exposer les raisons qui nous portent à lui refuser le pouvoir de transmettre la variole. Ayant fait appliquer un vésicatoire sur la poitrine d'une varioleuse atteinte de pneumonie, nous
en recueillîmes la sérosité et nous nous en injectâmes
une certaine quantité dans le tissu cellulaire de la
cuisse au moyen d'une seringue de Pravaz. Mais,
nous dira-t-on, la variole a cédé devant l'immunité
vaccinale dont vous jouissiez. C'est vrai ; mais, à
quelque temps de là, ayant encore recueilli de la sérosité sous-épidermique, nous l'avions mis dans une
petite fiole et laissé dans notre poche. Ayant, le soir
même, à notre contrevisite, des injections hypodermiques d'eau à faire à une jeune hystérique, nous
lui injectâmes par méprise la sérosité variolique.
Nous étant aperçu de l'erreur dès le lendemain, la
malade fut surveillée avec le plus grand soin. Or, la
température ne s'éleva pas un seul instant, et la jeune
fille qui n'avait jamais été revaccinée, n'eut jamais ni
variole, ni varioloïde, ni le moindre abcès. Ayant
ainsi, à deux reprises, constaté l'innocuité de ces injections, nous pratiquâmes une troisième expérience
sur une des malades du service qui nous y autorisa

et qui ne s'en porta pas un instant plus mal. Le procédé d'ailleurs ne peut être rendu responsable de ces résultats négatifs ; c'est du moins la conclusion à tirer des expériences intéressantes faites récemment par notre collègue et ami Oudin. Ces expériences ont consisté à faire une solution aqueuse de virus vaccinal et à l'injecter sous le derme des malades. Le plus souvent elles ont été suivies d'immunité tantôt en produisant des pustules vaccinales et tantôt en ne donnant lieu à aucune éruption. La contre épreuve consistait à faire ensuite une vaccination avec le procédé ordinaire. Mais nous ne voulons pas déflorer le mémoire de notre ami dont nous nous bornerons à signaler l'espoir qui est de supprimer l'éruption et les cicatrices vaccinales, tout en maintenant l'immunité.

II. — *Lésions du cœur, de ses séreuses et de l'aorte.*

Tout le monde connaît les travaux de M. le professeur Brouardel sur les *lésions vasculaires* dans la variole (Archiv. générales de médecine, décembre 1874). Il ne faut pas, d'après l'auteur, séparer les lésions inflammatoires qui, dans les varioles et surtout dans les varioles graves, atteignent en même temps la membrane interne du cœur et celle de l'aorte. 7 fois seulement, sur 36 cas, l'aorte a été intéressée seule. L'endartère de l'aorte et l'endocarde présentent des lésions différentes de celles que l'on observe dans l'endocardite rhumatismale. L'aorte est aussi souvent atteinte que l'endocarde, le muscle cardiaque est altéré, et le péricarde offre des altérations qui ont une étendue et un siège particuliers. Bouillaud avait déjà du reste parlé des angiocardites varioliques et séparé nettement les endocardites qui surviennent dans les fièvres graves, typhoïdes, éruptives, de celles qui accompagnent les maladies franchement inflammatoires, pleurésie, pneumonie, rhumatisme, etc. Quand l'endocardite est valvulaire, elle occupe le bord libre ou la surface des valvules, mais il n'y a pas de végétation, ce qui la fait différer, a-t-on dit, de l'endocardite rhumatismale. Cependant, quelquefois, M. Brouardel a signalé de petites végétations variant du volume d'un grain de millet à un pois, et M. Potain a observé une varioleuse atteinte d'endocardite chez laquelle une hémiplégie est survenue, au décours de la maladie, attester la possibilité de cette dernière lésion. (Rev. de Hayem, p. 546, T. V, p. 875.)

On sait d'ailleurs que M. le Dr Martineau, notre maître, a, dans sa thèse de concours, signalé un certain nombre d'endocardites végétantes, consécutives à la scarlatine. Le processus dans la variole est évidemment de même ordre, et l'endocardite varioleuse, pouvant être végétante, est une altération admise aujourd'hui sans conteste.

Pour notre part, nous n'avons rien à ajouter à ces faits. Toutefois, nous devons dire que les complications cardiaques et les lésions vasculaires nous ont paru plus rares que dans les varioles observées par M. Brouardel qui en compte 36 cas sur 389. Parmi nos 400 malades, nous avons à peine observé une quinzaine d'affections cardiaques apparaissant surtout à la période de dessiccation ; deux seulement ont persisté après la variole et peut-être préexistaient. Les lésions du cœur sont en tous cas beaucoup plus rares que ne l'ont dit MM. Desnos et Huchard et nous n'avons pas constaté les relations directes signalées par ces auteurs entre les myocardites et la mort, même rapide, même subite. Dans un de ces derniers cas notamment où nous comptions bien, M. le Dr Rigal et nous, voir le muscle cardiaque dégénéré ou altéré d'une façon quelconque dans sa coloration, sa consistance ou ses dimensions, nous n'avons rien trouvé d'anormal. Loin de présenter la teinte feuille-morte, le muscle était épais, rouge, résistant, ainsi qu'ont pu le constater les personnes qui se trouvaient dans l'amphithéâtre et notamment MM. Cornil et Duguet. Nous ne pouvons cependant conclure que des observateurs aussi habiles et aussi réservés que MM. Brouardel, Desnos et Huchard aient commis la moindre erreur d'appréciation. Nous dirons seulement que la proportion des complications cardiaques est loin d'être toujours aussi fréquente qu'ils l'ont indiqué et qu'il est possible qu'à ce sujet les épidémies soient très différentes les unes des autres.

La myocardite peut être très disséminée et toute partielle ; elle débute par la transformation protéique et finit par la dégénérescence granulo-graisseuse des fibres musculaires ; elle constitue un épisode formidable de l'altération plus ou moins généralisée du système musculaire dans les maladies aiguës et surtout infectieuses (Zencker, Hayem).

A voir ces altérations, portant sur le revêtement interne du système vasculaire, endocarde et endartère, n'est-il pas permis de se demander, si, dans la variole de même que dans plusieurs autres maladies générales, ces lésions n'ont pas pour cause le contact d'un sang vicié, altéré dans ses propriétés physiologiques ou doué d'une puissance nociue ?

D'après MM. Desnos et Huchard, on trouverait fréquemment une multiplication des noyaux du tissu conjonctif dans l'intervalle des faisceaux musculaires. Dans un ouvrage récent (Behier et Hardy) on cite la multiplication des noyaux du sarcolemme; il y a eu là très probablement une erreur d'interprétation, car les recherches récentes de M. Ranvier paraissent avoir prouvé que les faisceaux musculaires du cœur n'ont pas de sarcolemme.

III. — *Lésions des reins.*

L'albuminurie peut se montrer dans le cours de la variole, bien que ce soit certainement l'exception; elle est due simplement à des états plus ou moins congestifs des reins et à de simples troubles fonctionnels respiratoires et autres. Ce n'est pas une complication c'est un phénomène tout à fait passager qui ne trahit pas l'altération du filtre rénal. Il n'en est pas de même de celle qui survient dans la période de dessiccation et sur laquelle M. Cartaz a attiré l'attention en 1871 dans le *Lyon médical*; il l'avait rencontrée pendant les varioles graves dans un cinquième des cas. Sur 1,058 cas de varioles traités à l'hôpital de Glascow, M. Sanson Gemmel (Hayem, T. V, 1875, p. 547) a trouvé 20 fois l'albuminurie bien caractérisée à la période de dessiccation et en général vers le vingt-cinquième jour; à l'inverse de ce qui a lieu souvent dans la scarlatine, c'est dans les cas qui avaient été les plus graves que parut l'albuminurie. L'examen anatomique fut fait seulement dans trois cas et l'on trouva les caractères assignés par M. G. Johnson à la néphrite desquamative aiguë; dans un cas cependant il y avait, outre les altérations intra-tubulaires une légère hypertrophie du tissu interstitiel.

D'après ce que nous avons vu, l'albuminurie est très rare dans la variole. Bien des fois, dans les cas les plus divers, à toutes les périodes, nous avons examiné les urines avec précaution, soit avec la chaleur, soit avec l'acide nitrique versé goutte à goutte le long des parois du verre à pied, selon la méthode de Gubler, et nous n'avons que bien rarement rencontré le nuage albumineux, même à titre de complication transitoire, même lorsque la fièvre était très vive et l'hématose gênée.

Pendant la convalescence de nos varioles *cohérentes-confluentes*, les urines étaient très fréquemment examinées et presque toujours sans résultat positif. Plusieurs fois cependant, tout faisait penser qu'on allait faire coaguler une quantité plus ou moins considérable d'albumine : la fièvre était tombée, le malade touchait à la convalescence, quand tout à coup, il était pris aux premières tentatives de marche d'un œdème blanc, considérable, indolent, des membres inférieurs, bref, d'une sorte d'hydropisie subite, que ni l'état général, ni une convalescence pénible ne pouvaient expliquer. Cet œdème disparaissait d'ailleurs spontanément au bout de très peu de temps et ne se montra jamais ni accompagné ni suivi d'albuminurie. Nous devons rapporter comme des phénomènes de même ordre plusieurs cas où l'épanchement de sérosité se fit d ans les mêmes conditions, nonplus cette fois dans le tissu cellulaire sous-cutané, mais bien dans les plèvres. Les malades avaient à peine de l'oppression, et pas le moindre malaise; plusieurs en effet ne pouvaient être maintenus ni au lit ni à la diète. Et pourtant, la matité considérable, les vibrations abolies,

la respiration soufflante, montraient que l'épanchement occupait une grande étendue des cavités pleu-
rales et que les poumons étaient comprimés. Au bout
de quelques jours, tout épanchement s'était résorbé
disparaissant comme il était venu et sans coïncider
avec la moindre albuminurie. Pour notre part, nous
n'avons vu, *pendant toute l'année*, que *deux* malades
dont la variole, très intense d'ailleurs, fut suivie, dès
la période de dessiccation, *d'une véritable albuminurie*.
Il y avait alors une quantité considérable d'albumine : tout le fond du verre se prenait en une masse
blanche de flocons serrés. L'un ne se guérit qu'au
bout de sept au huit mois; l'autre était à peine amélioré au bout de l'année ; nous en rapportons plus loin
l'observation.

Dans un grand nombre d'autopsies, faites à l'occasion des varioles, soit confluentes, soit hémorrhagiques, nous avons trouvé chez des sujets, absolument
indemnes de tout alcoolisme, des reins qui nous ont
paru franchement gras.

Nous n'oserions affirmer l'existence constante et
réelle de la dégénérescence graisseuse, surtout, à cause
de l'absence complète d'albuminurie. Car, on sait,
que parfois, le rein anémié ressemble à s'y méprendre
au rein gras.

La dégénérescence portait, même à l'œil nu, surtout sur la substance corticale et l'on ne remarquait
quelque congestion qu'au niveau du bord des pyramides de Malpighi.

Ce n'est que dans quelques cas, dans lesquels il n'y
avait pourtant pas eu albuminurie, que nous avons
rencontré les canalicules dilatés et plus ou moins
complètement remplis de cellules en voie de dégéné-

rescence graisseuse, ainsi qu'une très légère augmentation des travées intercanaliculaires. Ces lésions,
sont parfaitement en rapport avec les faits signalés
par M. Johnson, au sujet de la néphrite desquamative, qui n'est qu'un premier degré de la congestion
rénale aboutissant à la néphrite parenchymateuse.

IV. — *Lésions du foie.*

Puisque nous venons de parler de la dégénérescence graisseuse, nous devons, sans plus tarder, la
considérer dans le foie. C'est, en effet, à ce point de
vue, l'organe le plus intéressant et c'est sur lui que
s'acharne pour ainsi dire la puissance stéatogène de
la variole. La dégénérescence graisseuse du foie, con-
statable à l'autopsie, est un fait qui s'impose et par
son intensité et par sa fréquence. Dans les cas de
variole intense où le virus, abandonné à ses propres
forces, a suffi pour entraîner la mort, le foie gras, et
fortement gras, est la règle. Sur 23 autopsies, nous
l'avons constaté 19 fois dans des proportions qui ne
laissaient, même à l'œil nu, aucune place au doute.
Nous avons déjà dit que, même dans ces cas-là, la
fibre cardiaque n'avait pas été intéressée. Ce sont
donc les reins d'une part, le foie de l'autre, qui sont
les organes le plus fortement atteints et dont la nutrition est le plus profondément compromise. On comprend immédiatement combien grave devient, par
ce fait même, la situation de malades déjà intoxiqués et auxquels viennent encore à manquer tout
à coup le secours des organes dépurateurs. Cette
lésion ne se manifeste ni par une augmentation de
volume du foie, ni par des douleurs abdominales ou

hépatiques, ni par aucune trace d'inflammation péritonéale ou autre; il n'y a pas de trouble fonctionnel manifeste pas plus qu'il n'y a d'albuminurie dénonciatrice de l'altération graisseuse des reins. La mort est d'ailleurs la conséquence rapide non pas seulement de ces lésions anatomiques si profondes, mais plutôt de la même cause qui a engendré ces dégénérescences. Ce sont les cellules hépatiques et la périphérie du lobule qui s'infiltrent de granulations graisseuses; le centre du lobule est le plus souvent, mais non constamment, congestionné.

Telles sont les seules lésions que nous ayons observées. Ce sont celles des poisons hématiques. On le voit, il n'y a rien là de semblable aux lésions varioliformes du foie, de la rate, des reins, et des ganglions lymphatiques que M. Weigert a décrites dans la variole normale (47ᵉ réunion des naturalistes et médecins allemands à Breslau) (Voir Hayem, p. 401 t. V, 1875).

A la suite des autopsies assez nombreuses que nous avons faites, nous devons avouer que nos recherches ne nous ont pas plus fait rencontrer les agglomérations de bactéries ou de micrococcus (Zuëlzer et autres) que les prétendues éruptions varioliques que certains auteurs ont décrites à la surface des séreuses, et M. Gosselin en particulier, sur la vaginale testiculaire.

V. — *Lésions de la rate.*

En ce qui concerne *la rate*, nous l'avons trouvée généralement petite, dure et sans aucune altération. Parfois elle était hypertrophiée, mais toujours d'assez bonne consistance. Ce n'est que chez quelques femmes qui avaient succombé à une variole puerpérale que la rate s'est montrée grosse et diffluente. Nous n'oserions pas en faire un effet de la variole survenant chez une femme en état de puerpéralité, car plus d'une fois, même dans ces cas, nous avons dû reconnaître à la rate toute son intégrité. L'on sait d'autre part, combien dans les maladies les plus diverses, et même à l'état de santé, la rate varie de consistance et de volume tout simplement selon les *individus* ou selon l'état de la circulation chez ces individus. On sait pourtant que M. Golgi (*Rivista clinica*, 1873) fait jouer, surtout dans la variole hémorrhagique, un grand rôle aux altérations du tissu splénique et de la moelle des os (Ann. par Berger, Hayem, t. I, 1873, p. 600).

VI. — *Lésions de l'appareil respiratoire.*

La mort, dans la variole, est souvent causée par des complications pulmonaires. Nous disons *complication*, car la variole n'a pas d'action directe sur le poumon ; celui-ci n'est intéressé que secondairement, soit à la suite de la stupeur dont est frappé le système nerveux, soit par suite de la suppression plus ou moins complète des fonctions cutanées.

La congestion, étendue, souvent généralisée, est la règle. Souvent aussi, on trouve, tout comme dans les cas de brûlures superficielles, mais étendues, des noyaux de pneumonie, durs, disséminés dans le parenchyme pulmonaire et surtout dans les lobes inférieurs et moyens. Ces noyaux de pneumonie lobulaire sont du volume de noix ou d'œufs de pigeon.

D'autres fois, une portion plus ou moins étendue du poumon présente les granulations de la pneumonie franche. Ces pneumonies peuvent être très vastes; elles sont d'autant plus intenses qu'on pénètre plus au centre du poumon où le tissu pulmonaire est complètement hépatisé; si le malade a survécu quelque temps, l'exsudat a toujours subi la transformation purulente et l'on reconnaît l'hépatisation grise. Nous avons eu, deux ou trois fois, l'occasion de voir des pneumonies ainsi suppurées occuper, soit une grande étendue des deux poumons, soit, comme dans un cas, la totalité d'un poumon, du sommet à la base.

Parfois, on peut croire à des noyaux de pneumonie; mais la coupe, ne présente aucune granulation, elle a l'aspect noirâtre du sang épanché, coagulé et infiltré dans le tissu pulmonaire dilacéré au point d'en faire pour ainsi dire partie. Ce sont des apoplexies pulmonaires, qui sont certainement de très fréquentes lésions de la variole, tandis que dans le voisinage, on rencontre des points complètement atélectasiés, à côté d'autres envahis par une sorte d'œdème aigu.

Nous avons observé plusieurs pleurésies qui sont devenues ou qui ont été d'emblée purulentes. Nous rapportons plus loin l'observation d'une maladie, à qui l'empyème a dû être fait et qui est morte des suites d'une pleurésie purulente d'emblée, contractée à la fin d'une *variole discrète*.

La péricardite n'a pas non plus été absolument rare, surtout dans les varioles hémorrhagiques. Ce n'étaient pas les lésions inflammatoires qui dominaient et le péricarde n'avait pas l'aspect classique d'une langue de chat. Il y avait seulement quelques fausses membranes, soit au niveau des oreillettes, soit au niveau de l'aorte qui présentait aussi quelques plaques laiteuses à sa sortie du péricarde, lésion ancienne d'habitude.

Les suffusions sanguines sont d'ailleurs extrêmement fréquentes, sinon généralisées dans la variole hémorrhagique. On les retrouve non seulement dans les diverses séreuses, dans le péritoine, dans les méninges, où elles peuvent donner lieu aux symptômes de l'hémorrhagie méningée, dans l'épaisseur des muscles, où elles sont plus ou moins étendues, sous le périoste, sous la peau, dans le tissu cellulaire, à la surface du foie et des divers viscères où se forment des taches ecchymotiques, mais encore dans le parenchyme même des viscères où l'on trouve soit du piqueté hémorrhagique, comme dans les centres nerveux, soit des noyaux apoplectiques, comme dans le poumon, le foie, le rein, le calice, le bassinet, etc. On peut dire qu'il n'est aucune partie et aucun organe du corps qui ne puisse être le siège soit d'une extravasation, soit d'une infiltration sanguine. Nous avons vu de ces suffusions jusque sous l'endocarde valvulaire. Il est évident que l'on peut trouver des caillots dans tous les organes par lesquels une hémorrhagie a pu se faire; c'est ainsi que nous avons plus d'une fois trouvé l'intestin grêle, la vessie ou l'utérus occupés, dans une étendue plus ou moins grande de leur cavité, par un ou plusieurs caillots noirs. Le sang, cependant, n'a pas de tendance à la coagulation; il est au contraire noir, fluide, à demi-poisseux, et comme défibriné. Nous faisons une réserve ici, car Andral a démontré que les diathèses hémorrhagiques sont compatibles avec une augmentation de fibrine. Cette opinion, considérée d'abord comme erronée, a prévalu, et l'on s'accorde aujourd'hui à croire que si, dans certains cas, la fibrine est augmentée et coagulable, souvent aussi la proportion de la fibrine est excessive, alors que la fibrine est déliquescente. Les hémorrhagies sont dues alors à une modification dans les conditions anatomiques du sang et dans la constitution de la fibrine, ou tout au moins elles coïncident avec ces altérations. Les ecchymoses varieront d'importance, d'une part avec la friabilité congénitale des parois vasculaires qui peuvent alors être ramollies par une faible inflammation et qui deviendront perméables ; d'autre part, avec le degré de coagulabilité du sang. Rappelons, à ce sujet, un mémoire de Gubler, sur les divers états du sang dans les diathèses hémorrhagiques, mémoire où il insiste déjà sur le défaut d'empilement et sur le manque d'adhésion des globules.

Nous parlerons plus loin de l'*éruption* qui peut se montrer des cordes vocales aux alvéoles.

Un assez grand nombre de fois il nous a été donné d'observer *une augmentation très notable du volume des ganglions prétrachéo-bronchiques*. Dans un cas, sans être caséeux, ils exerçaient une véritable compression sur les organes voisins (vaisseaux, nerfs et bronches). Ces adénopathies sont assurément le résultat de lésions bronchiques et pulmonaires (adénopathies similaires), car l'éruption détermine toujours un certain degré d'inflammation.

Disons cependant que, peut-être, la pénétration du virus variolique et son absorption par la muqueuse aérienne joue un certain rôle dans ce phénomène pathologique.

VII. — *Lésions de la peau et des muqueuses.*

1° *Les lésions de la peau*, dans la variole, qui est la fièvre éruptive par excellence, jouent un rôle si considérable, qu'elles ont d'abord attiré et retenu toute l'attention des observateurs.

Nous ne ferons ici que signaler les *efflorescences cutanées et les rah hémorrhagiques* qui seront plus loin l'objet d'une étude toute particulière do notre part. Ils ne donnent lieu qu'à quelques lésions, soit de congestion, soit d'hémorrhagie intra-dermiques, auxquelles aucun processus déterminé ne préside.

L'anatomie pathologique de la *véritable éruption* est beaucoup plus importante, et l'histologie de la pustule variolique nous est parfaitement connue depuis les travaux de M. Cornil (Journal de Robim 1866,) de M. Vulpian (Bul. acad. de médecine, octobre 1871) et de M. Cornil encore (clinique de Saint-Antoine 1879, Société méd. des Hôp., 17 juillet 1879).

Au moment où apparaît la saillie papulo-vésiculeuse, on trouve à ce niveau un reticulum particulier dans le corps muqueux. La couche des cellules du corps muqueux de Malpighi a en effet été modifiée par la formation des papules. Depuis les travaux de M. Cornil, MM. Auspitz et Basch ont repris l'étude de ce réseau dont les cavités sont constituées, d'abord par des vacuoles remplies de liquide et creusées dans le protoplasma des cellules épithéliales du corps muqueux. Il en résulte que le noyau de la cellule se trouve libre au milieu du protoplasma liquéfié; il peut cependant rester accolé à la paroi de la vacuole. Les travées du reticulum sont formées aux dépens de ce qui reste du protoplasma de la cellule. Ces travées sont assez épaisses et paraissent résistantes, tant que les cavités creusées dans la cellule sont petites. Le liquide qui se trouve dans les cellules malpighiennes ainsi lésées provient évidemment, ajoute M. Cornil, du sang des vaisseaux du réseau papillaire dont les parties les plus liquides filtrent à travers la couche de Malpighi. C'est également dans les cavités de ce réseau qu'on apercevait à un moment donné les cellules lymphatiques. Quelques-unes peuvent être dues à la segmentation des noyaux des cellules, mais le plus grand nombre est fourni par le sang contenu dans les vaisseaux sanguins dont les globules blancs sortent par diapédèse. Dans les parties centrales de la papule à son début, c'est-à-dire dans la portion du corps muqueux altérée la première, les travées s'amincissent, les cavités creusées primitivement dans les cellules s'ouvrent les unes dans les autres, et il en résulte de grandes cavités irrégulières à leur périphérie, séparées par des travées très amincies et incomplètes. Tel est, en résumé, d'après M. Cornil, le processus qu'on observe dans les trois premiers jours de la formation d'une papulovésicule variolique. M. Cornil, examinant à une époque correspondante l'éruption d'une variole hémorrhagique a été frappé de la facilité extrême qu'avaient, dans ces cas, le plasma sanguin et les globules rouges, à s'échapper des parois vasculaires intactes et à s'épancher dans les cellules malpighiennes. Ce n'est pas là d'ailleurs une action spéciale au virus variolique déterminant dans la peau un processus morbide qui lui soit propre. M. Cornil a, en effet, rencontré aussi la présence de globules rouges

dans les cellules cavitaires du corps muqueux dans
certaines syphilides papuleuses et bulleuses. Tous
ces phénomènes sont donc bien plutôt sous la dépendance des actes vitaux que sous celle d'un agent pus-
tulogène.

Ce qu'il faut retenir de tout cela, c'est qu'au début
de l'éruption, c'est la couche de Malpighi qui est surtout lésée, et que cette couche tout entière, avec son
reticulum et ses cavités, est recouverte par la couche
épaisse de l'épiderme superficiel non altéré, en même
temps qu'elle adhère intimement au corps papillaire.

Les parties de la couche de Malpighi les plus profondes, nous apprend encore M. Cornil, c'est-à-dire
celles qui sont en contact avec les papilles et le derme,
ne sont pas aussi modifiées qu'à sa partie moyenne.
Dans les papilles il existe, dès le début, une congestion
qui ne tardera pas à faire place à une véritable inflammation.

Ces faits anatomiques nous expliquent la formation
de la pustule et l'origine du liquide qu'elle contient
dans sa cavité.

Pour ce qui est du bourrelet épidermique qui la
circonscrit, il est facile de voir, par la simple piqûre
d'une pustule qu'il n'est pas le résultat de la présence
d'un liquide, car il persiste après que tout liquide s'est
écoulé. M. Ranvier(Comptes rendus, Acad., sciences,
30 juin 1879) considère ce bourrelet comme le résultat d'une inflammation épidermique, néoforma-
trice, au pourtour de la pustule de variole. Cet auteur
appuie son assertion sur la présence dans les cellules
du *stratum granulosum* de Langerhans, d'une quantité plus grande qu'à l'état normal de substance ké-
ratogène de l'épiderme, substance à laquelle il donne
le nom d'*éléidine*. Il ajoute (loc. cit.) que le même
fait se produit dans toutes les lésions formatrices de

l'épiderme qui n'en altèrent pas la structure essentielle. Quant au derme et au tissu conjonctif des papilles, ils ne sont infiltrés par des cellules embryonnaires qu'au moment où la suppuration est établie et *consécutivement aux lésions du corps muqueux.* L'altération du derme n'est véritablement bien accusée que, soit dans les grands décollements épidermiques de la variole hémorrhagique, soit dans la variété de pustules dites diphthéritiques. Dans ce dernier cas, le derme est infiltré de fibrine et même de pus; il se nécrose, et si la guérison se produit, la cicatrice se fait aux dépens de bourgeons charnus partis du derme (Cornil et Ranvier; Anat, path.).

L'éruption ne peut donc pas être considérée comme un mouvement inflammatoire, même doué de caractères spéciaux, imprimé par le variose à la peau, et né tout entier d'une irritation portant exclusivement sur elle, à la manière des éruptions thapsiques et autres.

Dans la variole hémorrhagique, soit par la qualité et la malignité, c'est-à-dire par l'abondance, spéciale du virus, soit plutôt par une prédisposition congénitale ou acquise de l'individu qui constitue un terrain favorable aux ravages du virus, le sang est beaucoup plus profondément altéré dans sa composition que dans les autres formes, même confluentes; mais l'éruption elle-même ne se fait pas en vertu d'un processus autre que celui que nous avons indiqué plus haut, et si des désordres particuliers se font remarquer dans les pustules, si le sang passe avec tant d'abondance dans le corps muqueux de Malpighi altéré au niveau des pustules, c'est parce que son altération favorise considérablement la diapédèse des globules rouges. M. Cornil fait encore remarquer à ce propos que les globules rouges sont sortis en beaucoup plus grande quantité que les globules blancs, ce qui est le contraire de ce qui se passe habituellement dans l'inflammation. De plus, il n'y a pas que les globules rouges qui sortent des vaisseaux ; ils sont accompagnés du plasma sanguin et de la fibrine qui s'échappent en même temps entre ces cellules endothéliales tuméfiées et ramollies.

Bientôt la papule entourée d'une zone congestive plus ou moins étendue et plus ou moins foncée devient plus manifeste. La cavité se creuse, se remplit de sérosité simple, essentiellement contagieuse, de sérosité sanguinolente même dans les varioles bénignes, de sérosité sanglante dans les formes malignes.

La sérosité devient louche, opaline, puis franchement purulente.

Pendant que cette évolution s'opère, il est un phénomène sur lequel nous allons nous arrêter un instant tant à cause des opinions contradictoires auxquelles son interprétation a donné lieu qu'à cause de sa véritable importance clinique et diagnostique, nous voulons parler de l'*ombilication de la pustule*.

Par quel mécanisme se produit cette dépression centrale que l'on remarque sur certaines pustules, mais non sur toutes les pustules d'une même variole, et non sur toutes les éruptions varioleuses ? Très souvent en effet, il arrive que même dans une éruption abondante, on ait de la peine à trouver quelques vésicules pourvues de cette ombilication qui n'en constitue pas moins un excellent signe de la variole parce qu'elle ne se rencontre que dans la variole. D'autres fois ce signe est si général, et même si régulier que beaucoup d'observateurs ne purent s'empêcher d'admettre une cause spéciale et l'attribuèrent à un disque pseudo-membraneux concave, sur lequel l'épiderme se moulerait en quelque sorte.

Telle était l'opinion que Rayer et Young préconisaient. Cotugno, Deslandes, Petzhold et d'autres, avaient longtemps auparavant cru à l'existence d'une glande sudoripare ou sébacée, ou bien d'un follicule pileux qui, fixé dans les couches profondes du derme et venant émerger à la surface de la peau, aurait constitué une sorte de bride s'opposant à l'expansion de l'épiderme, et jouant le rôle du clou dans les parois capitonnées. L'observation histologique, en prouvant que beaucoup de pustules varioliques ne renfermaient ni follicules pileux ni glande sébacée ou sudoripare, fit aussi constater que le prétendu disque pseudo-membraneux de Rayer n'était pas autre chose qu'un amas de cellules épithéliales dégénérées, mêlées à des cellules embryonnaires et à des globules blancs et rouges, en suspension dans un liquide séro-fibrineux. Ces éléments ainsi agglomérés ne constituent pas une fausse membrane véritable. Nous admettrons donc avec MM. Cornil et Ranvier (Manuel d'Hist. Path.), et Vulpian (loc. cit.), la théorie de Fœrster (Handbuch der Path. anat.) pour expliquer l'ombilication de la pustule de variole. Ce phénomène dépend, d'après ces auteurs, de ce que le centre de la lésion, étant déjà creusé d'une cavité cloisonnée, la pustule continue à s'accroître à la périphérie. Les cellules épidermiques étant agrandies à ce dernier niveau, mais ne se vidant pas, il en résulte une saillie relative.

L'affaissement de la couche cornée sera évidemment d'autant plus marqué que les varioles seront plus larges et moins remplies de sérosité capable de soulever et de maintenir exactement tendue la couche limitante épidermique. L'ombilication sera au contraire très peu ou point apparente quand les conditions purement physiques de sa réalisation feront défaut, c'est-à-dire toutes les fois que les vacuoles seront

étroites, nombreuses par conséquent, ou qu'elles seront complètement remplies et distendues par le
liquide. Le bourrelet, qui circonscrit la pustule variolique, en soulevant les bords, joue certainement aussi
un certain rôle dans le phénomène. Nous avons vu
plus haut quelle est la cause que M. Ranvier lui attribue.

Citons encore à l'appui de cette théorie, basée
sur l'examen histologique, l'expérience de MM. Auspitz et Basch que nous avons nous-même plusieurs
fois reproduite : on injecte lentement, avec précaution, à l'aide d'une seringue munie d'une aiguille capillaire, une minime quantité de liquide dans une
pustule ombiliquée, et l'on voit disparaître immédiatement la dépression centrale. D'autre part, il est
possible de transformer sur-le-champ des pustules
non déprimées en pustules ombiliquées par la sous-
traction, à l'aide de l'aspiration capillaire, d'une petite quantité de la sérosité qui y était contenue.

La pustulation a des sièges de prédilection sur lesquels nous insisterons en temps et lieu. Suivant leur
abondance ou leur développement, elles forment de
simples vésicules, des groupes confluents, de véritables bulles, de larges phlyctènes ou même des décollements étendus, comme on le voit à la face, aux
mains et aux pieds.

On ignore d'ailleurs les lois qui régissent la disposition et la distribution de cette éruption, comme
d'ailleurs celles des rash et de toutes les autres lésions cutanées; elles ne sont, en effet, en rapport
avec aucune disposition *connue*, soit vasculaire, soit
nerveuse. D'ordinaire, les pustules semblent jetées
sans ordre. A titre d'exception rare, M. Landrieux
nous montrait tout récemment un varioleux fort remarquable, chez lequel les pustules étaient sur le
tronc, sur l'abdomen et sur la cuisse gauche, semées

presque méthodiquement et comme réparties le long des filets nerveux, intercostaux, abdominaux, cruraux, etc. véritables zones varioliques.

Notre collègue Oudin nous a communiqué une observation fort intéressante à ce sujet. Il s'agit d'un homme opéré à l'Hôtel-Dieu d'une tumeur qui intéressait le nerf sciatique et qui nécessita la résection d'une portion considérable de ce nerf. Sur les entrefaites, l'opéré contracta la variole. L'éruption fut discrète sur tout le corps mais presque nulle sur le membre inférieur soustrait à l'influence du sciatique (V. Archives génér. de méd., 1880, juin). Il n'y eut, en effet, que deux groupes de pustules, et dans des points pour lesquels on pouvait invoquer l'innervation du crural. Ce fait est très remarquable, non seulement parce qu'il peut servir à expliquer les dispositions de l'éruption varioleuse, mais encore parce qu'il milite en faveur de la théorie nerveuse de la variole qui nous paraît l'hypothèse la plus vraisemblable.

Il serait intéressant de savoir ce que devient la variole, chez l'hémiplégique, dans le côté paralysé. Malheureusement nous n'en avons pas observé d'exemple (V. Scarlatine, art. du Dict. Encyclop. — Chevalier, Thèse de Paris, 1878).

La vésico-pustule ne tarde pas à se crever et à s'affaisser, et son contenu purulent et sanguinolent, mélangé de cellules épidermiques, se dessèche au contact de l'air et forme des croûtes plus ou moins épaisses, plus ou moins brunâtres, plus ou moins persistantes et, en tout cas, très fétides. La lésion évoluant, les croûtes tombent à leur tour, et deux faits bien différents peuvent se présenter : dans les cas les plus simples, c'est-à-dire ceux où le derme n'a pas été envahi par la suppuration, la place de la pustule n'est plus marquée que par une tache rouge transitoire. Si au contraire le derme a été intéressé par la suppuration, il se forme une cicatrice aux dépens de bourgeons charnus partis du tissu conjonctif du derme. Cette cicatrice tranche par sa coloration blanche et par la dépression qui l'indiquent sur la peau restée intacte.

C'est pendant la période de dessiccation jusqu'à la chute des croûtes que se forment rapidement et sans grande douleur une quantité plus ou moins considérable de collections purulentes. Ces abcès du volume d'une noix ou d'un œuf de pigeon, toujours sous-cutanées, se manifestent par une légère tuméfaction, par une douleur modérée mais suffisante pour qu'en général le malade indique le point où le pus s'est collecté, ou pour que la pression soit sensible ; car il n'y a ni excoriation du derme, ni même de rougeur notable à la peau d'ailleurs couverte de croûtes, de squames ou altérée par la dermite. Tous les matins, il rentrait dans nos fonctions d'interne de procéder à la recherche des abcès, et il nous arrivait d'en ouvrir deux, trois, cinq, tous les jours chez le même malade, pendant les premiers temps de la dessiccation. Ces abcès ne se formaient pas tous en effet d'une seule poussée, mais il s'en produisait chaque nuit de 5 à 6 environ chez le même individu. Nous avons compté 7, 11, 29 et jusqu'à 43 de ces abcès ouverts ainsi successivement chez le même varioleux convalescent ; M. Hocquard en cite 150 ayant pu siéger sur tous les points du corps, mais surtout aux membres inférieurs, aux membres supérieurs, au cou, à la face et principalement dans les régions sourcilière et palpébrale supérieure.

Nous avons vu survenir, à la même période, des phlegmons profonds, parfois très étendus et très graves ; dans trois cas différents, cette redoutable complication s'est présentée au cou, au genou et au bras; malgré de larges débridements, des lambeaux cutanés ont été sphacelés de façon à faire une perte de substance étendue, dont le bourgeonnement a exigé un temps très long avant d'aboutir à la cicatrisation. M. Richet signale des phlegmons sous-périostés consécutifs à la variole (Un. méd., 15 juin 1880).

Chez deux autres malades nous avons observé des adénites suppurées, l'une de l'aine, l'autre du cou. Mais nous croyons que ces lésions relèvent d'une cause différente de celle des abcès et des phlegmons, et qu'elles sont dues à des lymphangites succèdant aux ulcérations, aux croûtes de la peau et même à la dermite proprement dite.

M. le professeur Peter, dans le 2ᵉ volume de ses cliniques (p. 86), dit que, dans la variole, la dermite spécifique est le fait dominant en vertu duquel la peau suppure. Nous avons déjà dit que nous ne partagions pas cet avis : la dermite, pour nous, pas plus que la suppuration, ne sont spécifiques. Ce qui est spécifique dans la variole, c'est l'effort de l'organisme pour éliminer le virus; c'est l'éruption par laquelle ce virus sera éliminé à la surface de la peau. Mais cette éruption n'a pu se faire sans amener dans la structure de la peau des désordres plus ou moins considérables, et d'autant plus multipliés que l'éruption était plus abondante : d'où dermite, laquelle, on le voit, n'a plus rien de spécifique, attendu que n'importe quelle autre cause que la variole, par le seul fait qu'elle ferait dans le même temps apparaître à la peau une aussi grande quantité de *boutons*, déterminerait aussi une dermite proportionnelle, mais purement mécanique et inévitable. La suppuration des vésico-pustules, a déjà quelque chose de plus spécial à la variole ; mais la sérosité des pustules ne suppure

que par le fait même de la dilacération du derme ;
comme suppure une vésicule herpétique, comme sup-
purerait toute autre vésicule ayant produit dans le
derme une inflammation d'égale intensité. Toutefois
il y a lieu aussi de tenir compte de la tendance des
varioleux à la purulence, tendance que nous avons
déjà signalée et que nous retrouvons s'exerçant sur
la sérosité des pustules comme elle s'exercerait sur
la sérosité des plèvres, du péricarde, etc. Cette dermite réagit d'ailleurs sur l'état général à la manière
d'une complication vulgaire comme le ferait une inflammation du poumon ou d'un tissu quelconque,
quand elle doit suppurer ; elle rend la fièvre
persistante pendant la période de dessiccation, ainsi
que l'a bien fait voir M. Brouardel qui a signalé
le premier la fièvre dite de dessiccation. Disons immédiatement qu'il faut encore faire dans la suppuration des varioleux, outre la lymphite, et l'action spéciale du virus, la part de deux causes qui portent
aussi à la suppuration dans toute autre condition :
la leucocytose et la septicémie (Blachez, La variole
Bicêtre, Gaz. hebd, 1871).

Dans les cas où les pustules ont été extrêmement
abondantes aux extrémités inférieures, elles déter-
minent à la plante des pieds la formation de larges
phlyctènes, de soulèvements épidermiques et de dénudations consécutives étendues ; cette complication,
signalée surtout par les médecins militaires (Colin,
Hocquard), peut rendre les malades impropres au
service en les mettant pendant un temps assez long
dans l'impossibilité de marcher. M. Marotte (Soc.
méd., août 1870) croit que ces accidents sont dus à
ce que l'épiderme de la plante des pieds étant très
épaissi, chez le soldat, la pustulation s'y fait mal et

amène une destruction du derme d'une réparation
lente et difficile. M. Bucquoy et M. Rigal prescrivent
dans ces cas des bains fréquents ; administrés dès le
début de l'éruption qu'ils n'empêchent nullement
ailleurs, ils ramollissent l'épiderme de la plante des
pieds, y permettent la libre évolution du processus
éliminateur et calment les douleurs plantaires, causées, d'après M. Hocquard, par la tension exagérée
de la peau. Quant aux dénudations, rien ne réussit
mieux contre elles que la toile de caoutchouc.

Les croûtes épaisses et noires qui succèdent aux
varioles cohérentes confluentes persistent parfois sur
le front et sur les ailes du nez, longtemps après la
desquamation des autres parties du corps. Si parfois, elles viennent à tomber, ce n'est que pour se
reproduire très rapidement ; elles sont en rapport
avec la profondeur des lésions cutanées. Le derme,
en effet, a été tellement dilacéré que la réparation est
tardive et ne peut se faire que par des brides cica-
tricielles, fibreuses, irrégulières. Les atrésies des orifices naturels, l'ectropion, etc. en sont les conséquences fréquentes et sont toujours, et à juste titre,
redoutées des malheureux atteints de variole. C'est
contre ces cicatrices vicieuses, contre ces traces indé-
lébiles que Hébra a préconisé la méthode de Vol-
kmann, le traitement mécanique, le raclage (Weiner,
Wochens, 18 décembre 1875). M. le Dr Vidal l'a employé contre les lupus, la couperose, les nœvi, etc. et,
ici encore, il n'a eu qu'à se louer des *scarifications*.

2. *Les lésions des muqueuses* sont aussi la conséquence de l'éruption. L'éruption variolique se dis-
perse sur toute la muqueuse bucco-pharyngienne,
sur la pituitaire, sur la conjonctive et même sur la
cornée. Elle peut causer la surdité temporaire, soit

en se montrant au niveau du conduit auditif externe,
soit en hypertrophiant les amgydales, soit en oblité-
rant, au moyen de muco-pus ou de sang concret,
l'orifice des trompes d'Eustache.

L'angine varioleuse est d'une fréquence extrême.
M. le Pr Lasègue en a donné une description magis-
trale, dans son traité des Angines. Nous ne pourrons
mieux faire, quand nous étudierons les caractères de
cette angine, que d'y faire des emprunts, car tout ce
que nous avons vu n'est qu'une confirmation des re-
marques de ce maître éminent.

C'est sur le voile du palais et dans l'arrière-gorge
que les pustules sont le plus manifestes. Elles se
montrent parfois avec une netteté remarquable, arrondies, vésiculeuses, brillantes, transparentes ou
nacrées, avec une véritable apparence de perles blanches qui ressortent d'autant mieux que les parties
environnantes sont plus enflammées secondairement
et plus rouges. D'autres fois, l'éruption se présente
moins bien, soit qu'elle n'affecte pas la forme de
vésicules, mais celle de papules aplaties et recouvertes d'un épithélium blanchâtre et louche, soit
encore qu'elle soit très abondante, confluente
comme à la peau, et qu'elle donne alors à la muqueuse l'aspect tourmenté, dilacéré, presque macéré.
A mesure que l'éruption évolue, cet aspect change et
les phénomènes s'aggravent ; les vésico-pustules ont
crevé, sont devenues confluentes ; d'où le mélange de
leur contenu sanglant et purulent. Ainsi se forme
par la dessiccation des liquides un enduit correspon-
dant aux croûtes de la peau ; cet enduit, très odorant,
très fétide, noirâtre, et adhérent, fait beaucoup souf-
frir les malades, gêne leur respiration et leur occasionne une toux rauque et extrêmement pénible. Nous

n'avons pas eu occasion d'observer les plaques gan-
gréneuses, dont parle M. Jaccoud, mais nous avons
vu plusieurs cas où la pustulation, par son abondance
dans la gorge, autour de la glotte, sur les cordes vocales, dans tout le larynx, dans la trachée et les
grosses bronches et jusque dans les petites ramifications bronchiques, par l'expectoration considérable,
visqueuse et sanglante qu'elle occasionnait, est arrivée à gêner tellement l'hématose qu'elle eut une
grande part dans l'issue fatale. La langue, dure et
sèche, disparaît sous les fuliginosités noires et adhérentes, l'inspiration devient plus pénible, sifflante,
bruyante, stertoreuse ; la respiration s'accélère vainement, le malade, d'abord très agité, s'affaise et succombe asphyxié, sans qu'il y ait œdème de la glotte
ni obstruction du larynx, rien, en un mot, qui déter-
minât un empêchement absolu de l'entrée de l'air
dans les voies respiratoires. D'autres fois nous trouvâmes les replis glosso-épiglottiques tuméfiés et ulcérés, les lèvres de la glotte agglutinées par des
mucosités concrètes et le larynx et la trachée absolument couverts de petites ulcérations rouges, consécutives à une éruption confluente. Dans un cas que
nous communique M. Hutinel, il y eut un œdème
de la glotte proprement dit, qui amena rapidement
la mort.

Nous n'avons jamais vu les pustules dépasser le
quart supérieur de l'œsophage ; elles ont toujours fait
défaut à l'estomac aussi bien qu'à l'intestin et au
rectum, même dans les cas de vomissements et de
diarrhée. Nous terminerons ici l'examen des lésions
anatomiques auxquelles donne lieu la variole.

Pour nous, toutes les lésions, dont nous venons de
donner un aperçu, celles du sang aussi bien que celles

du foie et des reins ne sont que des lésions secondaires. La lésion primitive nous échappe encore, peut-être restera-t-elle encore longtemps insaisissable. Mais nous sommes convaincu qu'elle porte tout entière sur le système nerveux central et particulièrement sur la moelle. Les paralysies consécutives à la variole et d'ailleurs, tout l'ensemble symptomatologique de la variole relèvent nettement de cette lésion primordiale : le système nerveux altéré dans son intimité et frappé de stupeur par le poison variolique.

Les troubles si profonds de la nutrition générale, ceux de la nutrition de certains organes, la grande désorganisation du sang, et aussi l'extrême rapidité avec laquelle s'opèrent ces désordres effroyables, viennent hautement l'attester.

Cette théorie, toute rationnelle qu'elle nous semble, n'est encore qu'une hypothèse. Néanmoins, elle concorde avec l'idée, exprimée si vivement, par M. le professeur Charcot, idée qui tend à réunir chaque jour plus de suffrages, et dont M. le Dr Rigal nous a fait plus d'une fois saisir toute la portée et toute la justesse : « l'homme n'est qu'un système nerveux servi par les autres organes ! »

Nous en étions arrivé là de notre travail, quand parut la thèse de M. Landouzy sur les paralysies dans les maladies aiguës. Nous fûmes très heureux d'y trouver la confirmation de nos idées qui sont d'ailleurs un simple retour aux doctrines anciennes, à celles de Paracelse, par exemple, qui enseignait l'existence, dans la variole, d'un principe vénéneux à expulser et qui considérait les pustules comme des émonctoires nécessaires à cette dépuration. Mais depuis Sydenham et Boerhaave, l'éruption variolique fut considérée comme le résultat d'un simple travail inflammatoire et traitée par les antiphlogistiques. L'idée qui nous séduit le plus, nous l'avons déjà dit, est celle de l'intoxication du système nerveux par le virus. Or, voici ce que nous lisons à ce sujet dans le chapitre IV de la thèse de M. Landouzy, p. 206, sur l'imprégnation de la moelle par certains agents morbigènes.

« Ce que nous savons des myélites toxiques ne peut-il pas s'appliquer avec quelque vraisemblance aux procédés paralysigènes des maladies aiguës? Les agents morbides s'incorporant aux éléments anatomiques, comme le font les poisons, n'exercent-ils pas des modifications d'ordre physico-chimique incompatibles avec l'exercice de ces éléments? (Landouzy, d'après Vulpian). N'est-il pas facile de concevoir que la pénétration d'un principe morbide (miasme, virus, matière septique, sang vicié) dans les organites nerveux détermine une perversion de ces éléments? Celle-ci ne peut-elle devenir le point de départ, dans certains cas, d'un travail inflammatoire; dans d'autres, de troubles fonctionnels dont la durée sera proportionnelle au temps que l'organisme mettra à reprendre possession de lui-même et à se débarrasser de cette imprégnation délétère? Le poison (typhique, varioleux, maremmatique), adultérant le névraxe, il en résulte un trouble dans le fonctionnement trophique des parties de la moelle d'où naissent les fibres sensitives et sympathiques destinées aux méninges. » Le fonctionnement troublé, il s'ensuit une perturbation de la nutrition intime des éléments anatomiques de ces membranes qui trahissent dès lors leurs souffrances par cet ensemble de perversions motrices, sensitives ou vaso-motrices que nous allons maintenant passer en revue.

———

CHAPITRE II

Si la nature parasitaire de la variole n'est pas encore établie, sa nature virulente ne saurait être mise en doute. Nous avons supposé qu'une fois le poison introduit dans l'économie il lui fallait un certain temps pour l'envahir, et pour s'incorporer pour ainsi dire avec divers organes. C'est ce temps nécessaire à la germination, à la repullulation de la matière virulente, pendant laquelle, bien que très active, elle reste latente et échappe en général à toute observation, qui constitue la *période d'incubation*.

Pour admettre une lésion nerveuse primordiale, dira-t-on, et surtout une lésion qui échappe encore à l'anatomie pathologique, il faut au moins en retrouver constamment les traces pendant toute l'évolution de la maladie. C'est ce que nous allons rechercher.

La période d'incubation n'est généralement marquée par aucun phénomène appréciable. Selon son énergie, selon les susceptibilités héréditaires ou acquises des sujets, selon les opportunités morbides générales ou locales, le virus rencontrera dans son évolution plus ou moins de difficultés.

Donc la durée de l'incubation va varier. Si le variose ne rencontre aucun obstacle, ou bien s'il est impétueux, irrésistible, s'il brise et renverse tout ce qu'il touche, il arrivera promptement à son but, à l'assujettissement absolu, à l'anéantissement de l'organisme envahi. L'incubation sera courte, la maladie grave, la mort rapide. Si le poison n'avance que péniblement, s'il ne s'étend que lentement et de proche en proche, l'incubation sera longue, l'éclosion de la maladie ne sera pas soudaine, ne se fera pas avec fracas et celle-ci pourra être moins redoutable. Telles sont les hypothèses que l'on peut faire *à priori*. Qu'en restera-t-il devant les faits ?

Ceux-ci nous montrent d'abord que la durée de l'incubation est essentiellement variable et que considérable est l'erreur de ceux qui veulent assigner des limites précises, exactes, enfermées dans douze ou quatorze jours, à la propagation de l'infection. Celle-ci est rapide ou lente, selon les individus. Car, ici encore, ici même, il n'y a pas de maladie, il n'y a que des malades; *Chaque système nerveux réagit à sa manière.*

Certains faits semblent étayer la seconde supposition, celle qui tente de préjuger de la gravité de la maladie par la durée de l'incubation. Toutefois il faut dire que très rares, extrêmement rares, sont les cas où l'on peut être certain du moment de l'introduction du poison dans l'économie. Le plus souvent le début de l'infection a été inappréciable et est passé inaperçu. La maladie du professeur Fournier nous fournit à ce sujet un renseignement d'autant plus précieux qu'il est plus rare.

L'intoxication s'est faite au moment de la piqûre anatomique et par elle. Or, quatorze jours après l'accident, exactemement quatorze jours après, la maladie éclatait et se manifestait par une lipothymie. L'incubation avait été longue, la maladie fut légère.

Voilà un cas typique, tous sont loin de comporter une pareille précision. De plus, ce cas n'est pas une variole prise spontanément; il y a eu inoculation accidentelle et cette variole, avec son évolution classique, rentre presque plus dans les maladies artificielles, expérimentales, que dans la pathologie véritable où la réceptivité morbide préexiste, et où le terrain est remarquablement préparé pour le facile développement du virus.

Nous avouons qu'il est extrêmement rare de pouvoir constater, avec quelque chance de certitude, l'origine d'une contagion et de pouvoir préciser le moment où le virus a été reçu, introduit dans l'économie. A Paris, où les sources de la contagion sont multiples, où l'infection, absolument invisible et présente, est toujours imminente, les faits sont difficiles à établir; ceux qui ont été observés, ceux qui ont frappé le malade, ceux qui sont le plus vraisemblables, souvent ne sont pas les plus actifs, ne constituent pas la cause vraie.

Ici plus que jamais, la question est entourée d'obscurité et l'on doit toujours se tenir en garde contre le raisonnement : « post hoc, propter hoc. »

Nous croyons cependant que les difficultés de bien voir le début *réel* d'une variole ne suffit pas pour expliquer le profond désaccord des auteurs sur la *durée de l'incubation*. Il est bien plus raisonnable de penser que les observateurs n'ont pas tous observé la même durée, précisément parce que *la durée n'est réellement pas toujours la même.*

Or ce désaccord est complet. Il y a à peine dix ans, la Société médicale de Paris nous en offrit la preuve certaine (Recueil t. VI, p. 35, 1869).

M. Guyot rapporte un cas où l'incubation n'a été

que de deux jours. Le malade vit un varioleux le samedi, il était atteint le lundi suivant.

M. Laboulbène hésite à admettre le fait; la contagion pour lui, était préexistante à la visite à ce varioleux.

La durée de l'incubation, répond M. Guyot, n'est pas si positivement établie qu'on ne puisse élever des doutes sur ce qui est enseigné à cet égard. Il ajoute que si l'on s'en rapporte aux apparences, l'incubation peut varier entre un jour et six semaines.

Les statistiques de M. Barthez n'ont-elles pas montré des écarts qui varient entre un et quarante jours!

Nous sommes loin des douze ou quatorze jours fixés irrévocablement par les classiques; il est vrai qu'ils s'appuient surtout sur les données des varioles inoculées; en vérité, on ne peut pas les admettre sans réserve, pour la variole sinon spontanée, du moins réellement pathologique, c'est-à-dire apparue chez une personne prédisposée spontanément à bien accueillir le germe morbide; selon toute vraisemblance, dans ce dernier cas, le virus rencontrera beaucoup moins d'obstacles.

Chauffard (p. 60, Soc. méd., 1869) a vérifié une fois de plus l'exactitude du chiffre de douze à quinze jours, maintenu aussi par M. Laboulbène.

Il s'agit d'un jeune homme ayant séjourné trois jours dans le service de Chauffard pour un embarras gastrique. Il était entré le 24, il en sort le 27. Il y avait, en ce moment, dans le service, des varioles *confluentes*. La santé de ce malade demeura parfaite jusqu'au 8 février, époque à laquelle il éprouva des frissons et des malaises. Le 10 parurent les premières traces de l'éruption varioleuse. Or, *à sa connaissance*, le malade n'a été en contact avec aucun varioleux. Il

a donc contracté sa maladie à l'hôpital. (?) En fixant
au milieu de la durée de son séjour, c'est-à-dire au
26 janvier environ, la date de la contagion, un jour
et demi après son entrée, un jour et demi, avant sa
sortie, on a de ce jour, 26 janvier au 8 février, une
durée de quatorze jours pour la durée de l'incubation,
et de treize ou de quinze, si l'on choisit les époques
extrêmes.

Malgré ces faits et d'autres, la conviction n'est pas
faite ; la question reste indécise comme auparavant.
Quelques mois après, dans la même Société (p. 28,
1870), la variabilité de la durée de l'incubat'on dans des
limites bien autrement larges que celles indiquées par
Chauffard, est de nouveau proclamée. Gubler rapporte
un exemple où elle a été remarquablement abrégée :
« Une femme entre à Beaujon, le 1er novembre, à dix
heures du soir, et accouche dans la nuit. Elle n'avait
été avant son entrée à l'hôpital en contact avec aucun
varioleux; or, le 11 novembre, apparaît chez son
enfant une éruption discrète de variole. Or, si l'on
veut bien remarquer qu'en raison même du caractère
de la variole, on ne peut pas évaluer à moins de deux
à trois jours la durée de la période d'invasion, on
arrive à ce résultat que la période d'incubation, en
admettant même que l'infection ait eu lieu aussitôt la
naissance, n'a été *que de six à sept jours*. La salle où
était placé cet enfant est une salle de 6 lits, dans l'un
se trouvait une malade atteinte de variole confluente.
Voilà donc un fait, constaté par M. Gubler, que les
circonstances ont pourvu d'une précision aussi grande
que possible. » C'est pour ne rien diminuer de l'exactitude du fait que je prends la liberté de citer textuel-
lement ce récit de l'éminent rapporteur de la com-
mission des maladies régnantes.

Voilà donc une preuve irréfutable que l'incubation est variable et qu'elle peut être bien inférieure au temps classique. Or chez quel malade a-t-elle ainsi été abrégée ? Précisément chez un nouveau-né, chez lequel aucune vaccination antérieure ne pouvait arrêter ni retarder la marche de l'infection. Si, en effet, comme le fait remarquer avec tant de raison M. le Pr Peter, les fièvres éruptives sont plus spécialement des maladies de l'enfance, si elles sont plus contagieuses, c'est que l'enfant a plus de réceptivité que l'adulte et que les maladies ne sont contagieuses qu'en raison même de la prédisposition qu'on a pour elles. Elles frappent alors d'autant plus facilement un organisme qu'il absorbe plus avidement (ce qui est le cas de l'enfance où les systèmes absorbants et surtout le lymphatique sont si développés), ou que cet organisme n'a pas contracté l'immunité d'une infection antérieure, ce qui est encore le cas de l'enfance (Clinique, t. II, p. 87).

D'autre part, M. Bucquoy rapporte l'observation d'une malade qui avait visité un varioleux, le 25 décembre, et chez laquelle l'éruption parut seulement le 25 janvier. La femme n'était pas vaccinée, et elle succomba à une variole hémorrhagique. Chose remarquable, le virus n'est pas été retardé ici par une immunité quelconque, et cependant l'incubation s'est considérablement prolongée et a abouti à une maladie maligne !

D'autres fois, ajoute M. Bucquoy, « l'incubation a été plus courte : une malade atteinte d'une paralysie du voile du palais, consécutive à une angine couenneuse et sortant d'une salle où il n'y avait pas de variole, va au Vésinet en compagnie d'une convalescente de varioloïde. C'est le 29 décembre qu'elle fait ce voyage; le 9 janvier, elle était rentrée dans le service et était couverte d'une éruption de variole confluente, maligne, à laquelle, non vaccinée, elle succombait quelques jours après, le 13 janvier. »

Dans les deux cas où nous avons pu fixer à peu près le début de l'infection, *l'incubation a été de durée variable*. Dans l'un, le malade arrivait de Marseille et descendait dans un hôtel meublé où son voisin de chambre avait la variole. Douze jours après son arrivée dans l'hôtel le malade avait aussi la variole. Dans le second cas, il s'agit encore d'une malade qui n'habitait pas Paris; l'observation est publiée plus loin parce que c'est un remarquable cas de rash érysipélateux. L'incubation fut de 10 jours. La malade, arrivée la veille à Paris, venant se faire soigner pour la syphilis, contracta la variole probablement dans la salle de consultation où elle dut attendre 2 heures, et où il y avait à ce moment plusieurs varioleux mêlés aux autres malades.

M. Hayem, (p. 217, 1870, 1er fascicule) cite d'après M. Félix Marchand, de Berlin, le cas d'un convalescent de scarlatine, à côté duquel on mit pendant la nuit du 20 au 21 novembre un varioleux. Ce dernier resta 24 heures dans la même pièce que le scarlatineux qui n'avait déjà plus de fièvre. Le 30 au soir, c'est-à-dire juste 10 fois 24 heures après l'entrée du varioleux, la température du convalescent de scarlatine s'éleva à 38,7 et le 4, une éruption variolique très nette apparaissait. — Dans son bel atlas (1841-1844), Alphée Cazenave indique des limites plus larges, variables entre 6 et 20 jours.

Nous pourrions multiplier ces exemples. Bien plus, même dans la variole par inoculation artificielle, où la durée moyenne de l'incubation est de 9 à 14 jours, la durée de l'incubation n'est pas fixe et ne reste pas dans le cadre absolu qu'on a voulu lui imposer : on trouve dans tel cas une durée de 4 à 5 jours et dans d'autres un laps de 20 à 23 jours. — (Williams, p. 214) — (Dict. de médecine p. 563, t. XXX).

L'incubation tient donc bien plus au malade qu'à la maladie; elle ne représente pas le temps de la germination naturelle et réglée du virus, mais bien le temps qu'il faut au virus pour évoluer dans tel ou organisme et pour vaincre les efforts réactionnels de tel ou tel système nerveux; car il n'est pas possible que de si graves événements surviennent dans l'intimité des tissus, sans que le système nerveux joue le principal rôle. Les recherches modernes ne nous montrent-elles pas le système nerveux comme indispensable à tout acte vital?

Dans quelle mesure la durée de l'incubation est-elle variable? C'est ce qu'on ne peut encore dire; les faits sont trop peu nombreux. Il serait à désirer que tous ceux qui peuvent de près ou de loin élucider la question ne fussent pas retenus sous le boisseau. La période d'incubation est vague, dit M. le Dʳ Parrot, et nous ne la connaissons guère (Gaz. des hôp. p. 275).

Dans l'immense majorité des cas, cette marche du virus reste silencieuse et ses préparatifs sont insidieux. Aussi l'incubation ne se fait-elle ni sentir ni reconnaître par aucun phénomène; pendant toute sa durée la variole reste latente. C'est ainsi que pendant les 14 jours qu'elle a duré, M. le Dʳ Fournier assure n'avoir pas ressenti le moindre malaise. Toutefois, nous ne croyons pas qu'il en soit toujours ainsi et nous avons entendu plus d'un malade nous signaler des sensations bizarres, généralement passagères mais très accentuées, tantôt de brisement des membres, tantôt de diminution d'activité générale, tantôt d'insomnie, tantôt une tendance à l'assoupissement avec réveils en sursaut, des inquiétudes vagues, des étouffements, des oppressions accompagnées d'une anxiété inexprimable et même de la pesanteur épigastrique et de la lassitude lombaire. D'autres fois, chez des personnes qu'on ne peut taxer ni d'hypochondrie, ni d'hystéricisme, il y eut de la céphalalgie pendant les 6 ou 8 derniers jours de l'incubation, de telle sorte qu'il est fort délicat d'établir alors une démarcation nette entre l'incubation et l'invasion.

La règle cependant est que l'incubation passe inaperçue. Le mal agit silencieusement et nous ignorons absolument en quoi il consiste à cette époque (Parrot loc. cit.); au contraire le début de l'invasion est nettement signalé par l'apparition d'un phénomène pathologique quelconque. Sa durée, contrairement à celle de l'invasion, ne semble pas avoir la valeur pronostique que lui ont accordée certains auteurs.

La durée de l'*invasion*, disent les auteurs, est de 2 à 4 jours; ils laissent ici, on le voit, une plus grande latitude au virus, puisqu'ils lui accordent une liberté équivalente dans certains cas au double du temps qui lui suffit dans certains autres. Nous allons voir que cette latitude est encore insuffisante pour contenir tous les faits. Le début est plus facile ici à enrégistrer, puisqu'il marque pour ainsi dire l'entrée en campagne, la mise en activité des forces virulentes il est même parfois aussi bruyant que brusque : telle la défaillance qui surprit tout à coup M. Fournier, alors que se sentant bien portant une heure auparavant, il traversait le quai pour vaquer à ses occupations.

Voici à peu près l'ordre d'apparition des symptômes auxquels nous reconnaissons la variole, c'est-à-dire l'aggression du sytème nerveux par l'agent malfaisant, la souffrance du système nerveux surpris et sa réaction contre le poison : malaises indéterminés, syncopes, défaillances ou lipothymies, nausées, inappétence, frissons et fièvre, vomissements et épistaxis d'une façon inconstante, enfin la céphalalgie, la rachialgie et les rash.

Parmi ces symptômes, les uns sont communs à beaucoup de maladies aiguës et aux intoxications, les autres, les derniers, sont particuliers à l'intoxication variolique. Quelques-uns sont constants, tels que la courbature, l'anorexie, la fièvre ; d'autres sont très fréquents, tels que l'anxiété et la céphalalgie ; d'autres sont simplement fréquents, la rachialgie, les rash, qui sont pour nous des symptômes caratéristiques, les vomissements ; d'autres sont rares tels que les épistaxis, la diarrhée, qui est, pour nous, soit la conséquence de l'augmentation du volume des follicules clos ou de la congestion, soit un phénomène individuel, d'origine réflexe ou d'autre cause, mais non pas symptomatique d'une éruption sur la muqueuse gastro-intestinale que nous n'avons jamais observée.

Un des premiers signes, un des plus fréquents, et que l'on a trop considéré comme banal et trop laissé dans l'ombre, *c'est la céphalalgie*, qui est presque constante. Pour nous, nous l'avons toujours observée, même dans les varioles discrètes ; elle n'a fait défaut que dans les varioles, dites à quatre boutons, dont un très léger et passager mouvement fébrile était le seul signe précurseur. Et l'on peut voir dans les observations publiées depuis plus ou moins longtemps, que ce n'est pas là un symptôme d'occasion, né sous la dépendance d'une prédisposition quelconque, de la saison, du génie épidémique ; c'est un fait toujours signalé et qui doit être regardé comme la règle ; parfois il est primordial.

Lorain (p. 141, obs. X et XI) dans une observation de varioloïde, suivie de guérison, rapporte qu'un jeune homme âgé de 16 ans ressentit dans la nuit du 3 au 4 novembre 1868 une *violente douleur à la tête*. Le 4 novembre, dans la journée, il était abattu et fébricitant. Le 5, une vingtaine de pustules varioliques se montrent sur différentes parties du corps. Pas de suppuration.

Dans une autre (obs IV, p. 143) Lorain signale encore un malaise intense, de la courbature, de la céphalalgie et de la fièvre.

Nos observations témoignent toutes en ce sens. M. Parrot nous apprend qu'elle a été parfois assez intense pour arracher des cris au malade et pour simuler la méningite.

Cette céphalalgie ne semble pas être le fait d'une simple congestion, comme dans la fièvre typhoïde, par exemple. Elle est rarement accompagnée en effet d'épistaxis, qui est une excellente expression symptomatique de la congestion encéphalique.

L'*épistaxis* est rare en effet dans le début de la variole. Frappé de cette rareté, nous avons dans toutes nos observations noté avec soin cet écoulement de sang chaque fois qu'il s'est présenté. Or, nous ne l'avons vu que 19 fois, y compris les varioles hémorrhagiques, et 7 fois, si, comme on doit le faire, on retranche ces dernières. Dans ces 7 cas l'épistaxis nous a paru dépendre bien plus du malade que de la maladie. 5 fois l'épistaxis s'est répétée plusieurs fois pendant les quelques jours d'invasion, et elle s'est montrée chez des jeunes gens délicats, chlorotiques ou rhumatisants, ou bien chez des individus âgés, mais alcooliques. En voici un exemple :

Variole discrète. — Gaucher (Eugène), 18 ans 1/2. Entré le 5 mai, sorti le 5 juin 1870. Vacciné. Contagion d'hôpital. Symptômes ordinaires de la variole. Rash scarlatiniforme avec pointillé hémorrhagique. Eruption très discrète. Epistaxis assez abondante les trois premiers jours. Rien dans les urines. Pas d'autre hémorrhagie. Sorti le 5 juin.

La *fièvre* est un phénomène morbide si commun au début de la variole qu'il en est devenu banal. Le mouvement fébrile est de plus un des premiers signes qui se montre. Il peut se manifester par un grand frisson d'une violence extrême. Et l'on est étonné de voir un pareil état fébrile (40,6 et P. 128) aboutir à 20 pustules qui avortent. Il ne faudrait donc pas juger de la gravité d'une variole par la température et par le pouls observés à un seul moment de la maladie. Il n'en est pas de même, comme l'a démontré M. Brouardel, si on assiste à toute l'évolution. On voit que les courbes à convexité supérieure permettront d'annoncer la guérison.

L'intensité de la fièvre prodromique ne permet pas de prévoir la suite de la maladie ; c'est tantôt un grand appareil pour un petit résultat, tantôt l'inverse.

La *température* monte rapidement au début de la variole, et que la forme de la maladie doive être grave ou bénigne, qu'il s'agisse d'une variole confluente ou d'une varioloïde, l'ascension initiale est souvent également violente. Avec l'apparition de l'exanthème, le troisième ou le cinquième jour, la température tombe complètement pour les varioles discrètes, incomplètement pour les autres formes. A la fin du septième ou le huitième jour, quand la variole suppurera, la fièvre dite de suppuration paraît. Son intensité et surtout sa durée varient avec la confluence des pustules.

M. Richard Léo, par ses recherches thermométriques, a montré la défervescence constante de la fièvre initiale. La variole confluente elle-même n'est pas continue. La fièvre secondaire n'en est séparée, il est vrai, que par une apyrexie de quelques heures.

La varioloïde se distingue des autres variétés précisément parce que cette fièvre secondaire fait défaut.

« Le système nerveux est frappé de stupeur ; il s'ensuit une dégénérescence graisseuse aiguë. L'activité nutritive diminue ; les oxydations sont moins intenses ; la température augmente. » C'est donc, pour M. Brouardel, la stéatose qui est cause de l'hyperthermie, à défaut bien entendu soit de la suppuration, soit de complications.

M. Brouardel (Soc. méd. des hôpitaux, 9 décembre 1870) a décrit une fièvre survenant pendant la période de dessiccation, à laquelle il attache une grande importance, car elle lui permet de prévoir les abcès chez tel ou tel varioleux, huit ou dix jours d'avance. « Il n'est même pas besoin que la fièvre de suppuration ait existé pour que se développe la fièvre de dessiccation, » comme il en montre des exemples fournis par des varioloïdes.

Lorsque la mort survient, dans le cours d'une variole soit confluente, soit hémorrhagique, et alors même que les pustules s'affaissent et se flétrissent, la température et le pouls atteignent les chiffres les plus élevés.

Telle est la description classique que nous avons pu voir se confirmer en tous points. Les complica-

tions cardiaques, pulmonaires et 'autres se marquent
bien entendu, par leurs élévations thermiques habituelles et viennent interrompre le cycle du type régulier.

Le grand frisson violent n'est pas la règle. Le
mouvement fébrile est graduel et son début pendant
10, 12 et même 24 heures ne se traduit guère que par
quelques légères sensations subjectives et *ne se démontre que par le thermomètre*. Aussi a-t-il autrefois
échappé à plus d'un observateur. Il n'est pas suffisant toutefois, pour déterminer d'une façon absolue
la période d'invasion. M. Marotte en effet a vu une
variole complètement et indubitablement apyrétique.

La thermométrie avait-elle été faite?

Si donc, nous maintenons à ce symptôme le caractère de la constance, ce ne peut être d'une manière absolue dans le sens philosophique. Retenons seulement
à cette occasion la possibilité d'éruption sans prodromes; nous examinerons plus loin les cas de prodromes sans éruption. La face est animée, vultueuse
comme dans toute fièvre; nous n'avons pas remarqué le larmoiement de l'œil gauche dont parle Rosen.

Nous n'insisterons pas ici sur la marche de la température qui a été très bien étudiée par les auteurs et
particulièrement par M. Brouardel, ni sur les caractères du pouls, dont M. Parrot, dans ses cliniques
récentes, donne une description remarquablement
exacte.

Les *vomissements* sont signalés par tous les auteurs
comme de première importance au début de la variole : « Bilieux et alimentaires, dit M. Parrot, ils
durent ordinairement vingt-quatre ou quarante-huit
heures; dans certains cas, ils se prolongent pendant toute la durée de la période d'invasion et

sont fréquemment accompagnés d'épigastralgie. »
Dans quelques cas, ils se sont montrés incoercibles. Quelques auteurs les considèrent même comme
constants. Il a été très loin, dans l'épidémie que nous
avons observée, d'en être ainsi. Si, dans quelques cas
ils ont été très intenses, comme dans le cas de magnifique rash hyperémique que nous rapportons plus loin,
ils ont le plus souvent fait absolument défaut. Pour
notre part, nous leur accordons une fréquence bien
moindre qu'on ne l'a prétendu.

La *constipation* est bien la règle. Nous n'avons
observé que rarement la diarrhée excepté dans les
cas de variole confluente où elle est presque aussi
fréquente que la constipation ; cependant, elle a été
incoercible dans un cas où le malade souffrait d'une
entérite datant déjà de plusieurs mois. Dans certains cas où la diarrhée et les vomissements étaient
intenses, le diagnostic a pu quelque temps rester hésitant entre la variole et diverses affections abdominales.

Nous mentionnons, à l'occasion de la *diarrhée*, qui
a semblé résulter ici d'une congestion intestinale, le
cas suivant, remarquable aussi par une dyspnée
toxique.

X..., lingère, 27 ans. Vaccinée dans son enfance et ayant eu déjà
une varioloïde.

Depuis l'avant-veille, lassitude extrême ; brisement des membres.
Céphalalgie frontale.

Hier, inappétence absolue, soif, insomnie. Céphalalgie persistante.
Apparition, le soir, de la rachialgie qui est restée continue.

La malade, ce matin, 12 mars, se plaint de sa tête et de ses
reins ; elle indique nettement et spontanément les lombes, mais les

irradiations se font dans toute la hauteur du sacrum qui est douloureux à la pression. La malade a eu beaucoup de peine pour marcher.
Elle est venue seule à la consultation. Angine. Diarrhée.

La face est toute rouge et tuméfiée. L'on n'aperçoit ce soir aucune
papule formée.

112 puls., 39,8.

Le 13. Rachialgie persiste ainsi que céphalalgie. Diarrhée, la
malade fait sous elle mais non par paralysie. Bruit de souffle à la
base et au premier temps.

Les papules paraissent, mais fines, égales, très serrées, à la face
et aux mains. Rougeur généralisée du corps sous papule.

Le 14. Les papules se sentent au doigt sur le corps. Mains et face
gonflées. P. 88. R. 32. T. 38,0.

La malade comprend tout ce qu'on lui dit et possède toute sa connaissance. Diarrhée persistante.

Le 15. La malade a 120 pulsations; elle est agitée et a la respiration bruyante; les paupières sont closes; la voix est éteinte. Rachialgie persistante ainsi que la céphalalgie. La diarrhée diminue. Bronchite. Eruption fine, généralisée.

Le 16. Gonflement énorme des pieds, mains et visage. La vésiculation commence. 33,8.

Le 17. Vésiculation formée. Diarrhée moindre. Vomissements
bilieux, pas d'albumine.

Le 18. Suppuration commune à la face. Papier gris.

La malade ne souffre plus.

Le 19. Suppuration sur les avant-bras et le dos des doigts où l'on
trouve l'épiderme soulevé en larges cloques.

Le 20. Très larges cloques occupant toute la plante des pieds.
Suppuration généralisée; à 3 heures, la malade est prise d'une
dyspnée considérable qui menace de l'étouffer. Ce n'est que par la
respiration artificielle que l'on peut la rappeler à la vie. Toujours
pas de délire.

Le 21. La malade respire difficilement. Elle peut à peine parler et
vomit tout ce qu'elle prend. P. 112. Resp. 60. Dans la nuit, mort en
collapsus.

Autopsie. — Congestion pulmonaire simple du poumon et de
l'intestin. Foie gras. Reins graisseux.

Trousseau rapporte quelques cas de *sueurs profuses*,
il les préfère à la sécheresse extrême de la peau qui

se montre en effet ordinairement dans les varioles confluentes.

Le tableau clinique présenté en 1844 par Cazenave p. 102) est très fidèle pour l'invasion variolique *régulière* : horripilations, accès vertigineux, abattement général de la peau, anxiété épigastrique, oppression, nausées, convulsions chez les enfants, déjà signalées par Sydenham, et ordinairement constipation opiniâtre.

Tous ces symptômes sont d'ailleurs susceptibles de variations extrêmes dans leur intensité.

L'épigastralgie peut être insupportable, les convulsions aller jusqu'au coma. Dans certaines conditions que nous examinerons plus loin, on a observé du délire, d'autres fois une *dyspnée extrême* qui bien plus souvent d'origine toxique et sans aucun rapport avec l'état fébrile ou la gêne de l'hématose est du plus fâcheux pronostic ; enfin, un état de collapsus qui aboutit à la mort avant toute éruption dans certaines varioles malignes, presque foudroyantes. Tels sont les *accidents* de la période d'invasion.

Celle-ci, comme on le voit, est remarquable surtout par les grandes *irrégularités* symptomatiques qu'elle peut présenter. D'après M. Archambault (Soc. méd. 1870, p. 208) ces irrégularités dans la constance des prodromes et dans leur intensité s'accentuent encore chez les non vaccinés. Quoi qu'on en ait dit, cette irrégularité n'est pas proportionnelle à l'abondance de l'éruption ni à la gravité de la maladie.

La *durée* de chacun de ces symptômes n'est pas plus fixe que leur prédominance. La durée totale de la période d'invasion va donc s'en trouver impressionnée. Cette durée, pour être comprise entre deux et quatre jours et pour être le plus souvent de trois, n'a rien de fatal. L'invasion cesse à l'éruption ; mais celle-ci a pu se faire attendre quinze ou vingt jours, alors que dans d'autres cas. elle s'est montrée dès la première journée, si bien qu'il n'y eut pour ainsi dire pas de prodromes et que l'éruption fut presque la première expression de l'infection varioleuse.

Gubler trouvait qu'on tenait trop peu compte de ces faits. Il insiste sur l'état typhoïde de la variole à éruption tardive. Il a vu avec notre maître et ami, M. le Dr Landrieux, alors son interne, un varioleux qui a présenté une période d'invasion de *huit jours*, avec des phénomènes rappelant tout à fait le premier septénaire de la fièvre continue : épistaxis, céphalalgie, bourdonnements d'oreille, douleur cervicale postérieure, étourdissements, langue saburrale, diarrhée, pas de rachialgie ni de vomissements (Société méd. des hôpitaux, p. 156, 1869).

M. Archambault fait remarquer que chez les gens non vaccinés, qui sont évidemment *recherchés* par la variole, l'invasion présente pour la durée la même irrégularité que pour la symptomatologie. Elle est de 36 heures à cinq jours.

La détermination exacte de la durée de l'invasion n'est pas un fait indifférent. Elle a même pour le clinicien une véritable importance, mise hors de doute par Sydenham et par Trousseau, et absolument réelle, bien qu'elle ait été contestée dans ces derniers temps, entre autres auteurs, par M. Scheby-Buch (Archiv für Dermatol. und Syphilis, 1872, p. 506).

Les prodromes sont-ils plus intenses, toujours plus intenses, plus pénibles, plus atroces, comme dit M. Desnos, d'après Sydenham, dans les formes confluentes ou très graves? Non vraiment. Et nous nous souviendrons toujours de ce garçon de café qui fut amené dans notre service le mercredi des Cendres. Cet homme jeune encore, très actif habituellement, et très sobre, avait passé la nuit du mardi gras comme serveur dans un bal. Il se sentait très mal à l'aise, courbaturé, et souffrait spécialement d'une douleur de reins, qu'il attribuait à son métier, aux efforts et aux courses qu'il avait dû faire pendant toute cette nuit fatigante. Or il était atteint d'une variole confluente, dont l'éruption commença le mercredi dans l'après-midi et dont il mourut le jeudi soir.

La brièveté de la période prodromique, c'est-à-dire deux jours ou deux jours et demi après le début réel de la fièvre, doit toujours faire craindre une variole maligne; ce signe, considéré comme fondamental pour le pronostic par Sydenham, et par Trousseau, affirmé récemment encore par M. Desnos et par d'autres cliniciens, sera rarement trompeur. C'est une remarque dont M. le Dr Rigal nous a fait plus d'une fois mesurer toute l'exactitude.

Dans la variole de moyenne intensité, c'est-à-dire dans la variole cohérente, où la guérison est la règle, la période prodromique dure trois jours et demi, quatre jours et même cinq. Se prolonge-t-elle six jours, il est presque certain que l'on aura affaire à une variole bénigne ou discrète, ou bien à une varioloïde. Parfois les prodromes sont d'une intensité extrême et font craindre une forme maligne; mais l'éruption est lente à se produire. Dès lors, on peut se rassurer; nous avons eu en effet plus d'une fois l'occasion de voir la forme discrète succéder aux prodromes les plus inquiétants, alors que nous avons observé que la variole, qui, précédée ou non de fracas syndromique, faisait éclore son éruption au bout de 48 ou 60 heures au plus, était généralement une variole grave, bien différente en cela, comme nous l'enseigne Trousseau, de la varicelle. Nous faisons, bien entendu, une réserve pour les cas où les choses ne suivent pas leur cours habituel et où une cause quelconque est venue retarder accidentellement l'éruption. Dans ces cas, si le diagnostic *variole* est certain, et si la variole n'est pas hémorrhagique, on aura recours avec succès pour amener l'éclosion de l'éruption, soit à l'acétate d'ammoniaque, soit plutôt à l'ipéca. Nous terminerons en rappelant l'opinion du regretté professeur Gubler : la lenteur de l'apparition des papules de la variole après l'invasion des prodromes est assez fréquente ; elle peut tarder à se montrer jusqu'au dixième et même jusqu'au douzième jour après le début de la fièvre. C'est là un signe favorable, à moins d'hémorrhagie, car le nombre des pustules diminue lorsque la période des prodromes se prolonge.

Ce fait est donc bien établi. Il ressort en outre de cette étude que l'*irrégularité est aussi grande pour la période d'invasion que pour la période d'incubation*, que la durée de celle-ci se renferme entre 6 et 20 jours, et celle de la première, entre 36 heures et 12 jours, la moyenne étant de trois jours et demi. La *variabilité* est donc considérable comme on devait s'y attendre dans une maladie où le système nerveux joue le principal rôle et où le processus morbide est en tous points dominé par la réaction de chaque organisme contre l'intoxication. Nous croyons donc qu'il faut renoncer à la douce habitude de considérer l'évolution de la variole comme bien docile à la méthode, et de voir ses diverses périodes si bien encadrées.

Nous avons à dessein omis, dans cet examen de

l'appareil prodromique de la variole, de parler de la rachialgie et des rash ; ces signes sont trop caractéristiques pour être confondus avec les précédents, qui, dans une certaine mesure, sont communs à nombre de maladies aiguës.

Les douleurs lombaires, par leur mode d'apparition, par leur durée et la manière dont elles se comportent, constituent à la variole une sorte de symptômatologie spéciale. Elles sont très fréquentes ; elles manquent cependant dans un certain nombre de cas.

La *rachialgie* est un symptôme excessivement fréquent et aussi banal que la céphalalgie (Dictionnaire Dech. p. 392). Griffin l'a divisée en rachialgie cervicale, dorsale et lombaire. Ce sont les deux dernières formes que nous allons retrouver dans la variole. Quoique ce phénomène semble lié au processus de la fièvre en général, quel qu'en soit le principe déterminant, il prend dans la variole des caractères tels que nous lui appliquerons d'abord tout ce que nous avons dit de la céphalalgie. Ici, par exemple, il n'est nullement en rapport avec l'intensité de la fièvre ; et chose plus remarquable, il n'est pas non plus *constamment* proportionnel à l'intoxication varioleuse comme nous l'avons consigné dans un certain nombre d'observations et notamment dans un cas où il apparut dès le début de la période d'invasion et se continua jusqu'à la dessiccation avec une intensité telle que la malade ne pouvait marcher et ne se tenir que courbée. Or, cette rachialgie si intense précéda une varioloïde des plus légères.

Fodéré, Rayer, Guérin de Mamers, en font, comme dans les autres fièvres d'accès, l'effet d'une subirritation de la moelle épinière, par laquelle tout le système nerveux est ensuite sympathiquement affecté

(Colin. Leç. sur les épid.). Ajoutons que la rachialgie se rencontre dans une foule d'intoxications, non seulement d'origine paludéenne et zymotique mais même inorganique, telle la rachialgie consécutive à l'empoisonnement par le plomb, par l'arsenic, etc. Dans la fièvre jaune elle se place au premier plan sur la scène symptomatologique où elle est connue sous le nom de *coup de barre*. (Griesinger, p. 146). De même dans un certain nombre de maladies contagieuses, dans l'influenza, nous lui voyons jouer un certain rôle sur lequel Landouzy, dans son mémoire sur la grippe (1837), a attiré l'attention. Nous devions donc nous attendre à la rencontrer dans la variole ; elle y devient en effet si fréquente et si remarquable que Rhazès la signale déjà comme un signe précurseur précieux.

Elle peut régner sur toute l'étendue de la moelle épinière, mais avec une intensité d'autant plus grande qu'on se rapproche du segment lombaire. Ce n'est qu'exceptionnellement que nous l'avons constatée plus forte au dos qu'au sacrum, où elle peut être localisée et que les malades indiquent fort bien, et une seule fois nous l'avons observée au niveau de la colonne cervicale à l'exclusion des autres régions. L'inverse est au contraire la règle pour les lombes. Elle ne siège pas dans les muscles de la masse sacro-lombaire et n'a rien de rhumatismal.

Bien que la pression l'exagère parfois, elle est évidemment plus profonde aussi que le périoste des vertèbres. L'apparition n'est pas brusque, et son déplacement n'est pas subit comme dans les névralgies. Elle n'est pas non plus symptomatique d'une congestion rénale comme le croit M. Colin, du Val-de-Grâce: il n'en existe aucun autre signe et elle devrait se rencontrer, à ce titre, bien plutôt dans la scarlatine que dans la variole. Les paraplégies, les lourdeurs des membres inférieurs, les fourmillements, les paresses vésicales et sphinctériennes, que parfois l'on a simultanément observés, déposent au contraire, ainsi que les caractères de la douleur, en faveur d'une origine médullaire, corollaire de l'intoxication directe du système nerveux dont nous retrouvons les traces *dans toute la symptomotologie variolique.*

Sa variabilité elle-même est un fait important ; car nous avons pu noter l'absence de rachialgie dans un grand nombre de cas, même de la plus haute gravité. Elle est spontanée, mais elle s'exagère par la pression sur les apophyses épineuses. Elle est sourde, continue, fixe, ou bien si prononcée que les malades ne peuvent ni marcher ni rester debout ; cette violence, qui est assez forte quelquefois pour arracher au varioleux des cris continuels et pour le forcer au décubitus latéral, comme nous l'avons constaté en plusieurs circonstances et comme on l'a fait remarquer à la Société médicale (p. 166, 1870), peut, en dehors d'une épidémie, faire penser à une *myélite aiguë* ou à une *méningite rachidienne.* Elle survient le premier, deuxième ou troisième jour de l'invasion ; elle peut ne durer qu'un ou deux jours, ou bien se prolonger jusqu'à la dessiccation. Précédemment, nous l'avons signalée très violente dans une varioloïde, nous l'avons également vue exceptionnellement intense dans une variole hémorrhagique où elle a persisté pendant cinq jours, c'est-à-dire jusqu'à la mort.

M. Hayem (1873) cite, d'après M. Simon de Hambourg, un fait fort exceptionnel où la rachialgie prodromique fut remplacée par une névralgie sciatique droite, et où l'exanthème prodromique se mon-

tra d'abord sur la cuisse droite. (Archiv. fur Dermato-
ligia and Syphilis, 1872, p. 541),

Nous avons vu pour notre part un certain nombre
de douleurs substituées à la rachialgie. C'est ainsi
que dans un cas où l'hyperesthésie spinale faisait défaut, il y avait une douleur épigastrique très intense;
et dans un autre une sensation atroce d'un fer rouge
maintenu dans l'œsophage ; il y avait dans ces deux
cas en même temps des vomissements violents ; dans
deux autres cas, où il y avait, au lieu de douleur
lombaire, des coliques violentes, la diarrhée, qui
remplaçait la constipation habituelle, se montra
abondante pendant toute la durée de l'invasion. Nous
n'avons pas vu que les rash occupassent alors les
régions de la peau correspondante aux points douloureux. C'est dans ces cas que le symptôme prodromique de la variole peut être méconnu et que le
médecin se laisse surprendre par l'éruption. De
même peut-il arriver, quand la rachialgie est sourde,
étendue, presque généralisée, et qu'elle ressemble au
lumbago rhumatismal, ou bien quand, ainsi que
M. Hutinel en a observé un cas à l'Hôtel-Dieu, dans
le service de M. Richet, une cause occasionnelle, une
chute par exemple, peut en donner la raison et la
faire regarder comme une simple contusion.

Si la forme est hémorrhagique, il faut alors bien
se garder de faire poser sur les lombes des ventouses
scarifiées, qui sont d'ailleurs impuissantes contre
cette douleur, et qui ont l'immense inconvénient de
donner lieu à un écoulement de sang considérable,
très difficile parfois à arrêter.

Quand la rachialgie se rencontre chez une femme
enceinte, le diagnostic peut être erroné. C'est le début de la variole. La variole détermine et des dou-

leurs lombaires et l'avortement dont le début est marqué par l'écoulement de sang. La femme attribue alors les malaises qu'elle ressent à l'avortement qui se prépare et qui, n'étant qu'un effet, est pris pour la cause ; l'écoulement de sang vient confirmer cette idée ; la rachialgie, nous en avons vu plusieurs cas, mais un surtout qui fut frappant, est considérée alors comme l'indispensable et naturelle expression de l'entrée en activité du muscle utérin, et la variole reste quelque temps méconnue.

Pour notre part, nous considérons la *paraplégie* qui survient dans la *période d'invasion* de la variole comme un phénomène de même ordre, de même cause que la rachialgie. « La coexistence des paraplégies et de la variole (Landouzy, thèse de concours, p. 175), se trouve notée dans les premières descriptions que la tradition nous ait données de la maladie varioleuse ; et, dès l'abord, les auteurs prennent soin d'indiquer l'apparition de la paralysie comme une suite de la rachialgie qui, d'ordinaire, fait cortège à la maladie. »

« La rachialgie (Trousseau, clinique de l'Hôtel-Dieu, t. I, p. 4) dépend d'une affection de la moelle épinière. En voici la preuve : dans un assez grand nombre de circonstances, et, l'an dernier, en l'espace de quelques jours, j'ai pu vous en montrer deux exemples ; la douleur lombaire est accompagnée de paraplégie. Sans que vous les interrogiez dans ce sens, les malades accusent d'eux-mêmes cette paralysie ; ils se plaignent d'engourdissement dans les membres inférieurs qu'ils ne peuvent remuer, et lorsque vous cherchez si les membres inférieurs sont affectés, vous constatez que leur motilité n'est nullement troublée. Cette paralysie frappe quelquefois la vessie, comme le prouve la rétention d'urine ou du moins la dysurie très notable qui survient alors. »

Ces phénomènes apparaissent d'ordinaire en même temps que la rachialgie, ajoute M. Landouzy, et pour des raisons qu'il est facile de pressentir, ont la même durée, c'est-à-dire qu'ils cessent quand vient l'éruption. Leur disparition est assez rapide alors ; pourtant ils peuvent persister parfois jusqu'au 9° et 10° jour, et même plus longtemps encore, si bien qu'ils durent parfois encore quand la variole est terminée et le malade entré en pleine convalescence.

Les tendances paralysigènes de la variole peuvent se manifester dans d'autres périodes que pendant l'invasion ; il s'en montre aussi, et qui sont peut-être plus tenaces, pendant la période d'état ; enfin, si les troubles moteurs qui surviennent pendant la convalescence sont plus nombreux que ceux des périodes d'invasion et d'éruption réunies, c'est que, outre l'action paralysigène spéciale de la variole, il y a à considérer la part des fièvres graves et des maladies aiguës en général dans la genèse des paralysies.

La forme paraplégique ou paraparésique n'est pas la seule observée dans la variole. Des hémiplégies avec ou sans aphasie, des paralysies localisées ou diffuses, simples ou mêlées de perversions sensitives, compliquées ou non d'atrophie musculaire, ont été observées et presque toujours avec cette particularité d'être passagères.

Le mode d'apparition a pu être brusque, comme dans le malade de M. Contour, cité par M. Landouzy, qui, en mettant le pied à terre, s'affaissa sans pouvoir se relever ; ou bien extensive, comme dans l'observation de M. Westphall, analysée par M. Vulpian (Archiv. physiol., 1873, p. 95 et seq). Dans ce cas de paraplé-

gie apparue pendant une variole médiocrement abondante, l'autopsie ne montra rien de particulier dans le
cerveau. La substance grise de la moelle était congestionnée, et sur quelques points de la région lombaire
on voyait, à droite et à gauche, des teintes nuancées
et variées, pendant que la moitié droite avait un aspect franchement gris, la moitié gauche était d'une
couleur sombre, brun rougeâtre. Le microscope fit
voir des foyers de ramollissement de la substance
grise et démontra l'existence d'une myélite disséminée.

La paralysie peut prendre l'allure de la paralysie
ascendante aiguë comme dans le cas de cet homme,
cité par Bernhardt, qui fut enlevé en trois jours, par
des accidents paralytiques ayant gagné les muscles
abdominaux, thoraciques et le diaphragme, et éclos
au déclin d'une varioloïde (Berlin, Klin. Wochens,
187, n° 47). Même fait rapporté par Weber (Boston
Journal, 1873).

Ces faits sont importants à connaître puisqu'ils sont
contraire à la modalité habituelle des paralysies varioliques qui sont légères et peu durables.

M. Landouzy signale dans sa remarquable thèse (p.
184 et seq.) les formes les plus variées de paralysies sys-
tématisées comme dans la paralysie infantile avec foyer
de ramollissement blanchâtre de la région antérieure
de la substance grise ou diffuse comme dans l'ataxie,
et la sclérose en plaques. Tous ces troubles démontrent, ajoute M. Landouzy, la multiplicité et la diffusion des lésions que peut mettre en œuvre une
maladie générale telle que la variole, qui, pour *limi-
ter d'ordinaire ses coups à la moelle*, peut parfois donner
lieu à des troubles fonctionnels ou nutritifs cérébro-
spinaux.

Nous avons été obligé, dans l'examen de cette importante question, de faire de nombreux emprunts. C'est que les paralysies du fait de la variole sont rares. Nous n'en avons pas observé un seul cas sur 400 varioles et M. Huchard, cité par M. Landouzy, n'en aurait vu que 10 sur plus de 2.000 malades. Nous ne parlons pas de ces paralysies consécutives à la présence sur le voile du palais d'une abondante éruption variolique. Tel le cas rapporté par Gubler (Soc. méd. ds hôp.), où un sujet vacciné fut atteint de variole confluente et chez lequel survint, le 2e jour de la période d'éruption, une paralysie complète du voile du palais.

Dans un mémoire sur la *variole à Boston*, M. Webb (1873) rapporte 8 cas de paralysie sur 3.722 cas. Il s'agissait toujours de varioles bénignes, arrivées à la période de desquamation. Subitement, sans cause appréciable, convulsions, puis paralysies partielles ou générales et mort en vingt-quatre ou quarante-huit heures. *L'intelligence restait nette jusqu'à la fin*; dans deux cas seulement l'urine se trouva albumineuse.

Nous trouvons, dans la revue des Sciences médicales (p. 183), l'observation suivante de paralysie dans le cours de la variole.

Une femme de 53 ans, de tempérament nerveux, fut prise de paralysie quelques jours après une varioloïde très légère. L'éruption avait paru le 10 septembre; deux jours après, la malade se levait. Le 23, douleur rongeante dans le bras gauche. Le 24, douleur analogue dans le bras droit et dans les membres inférieurs; dans la soirée, la malade pouvait à peine remuer les pieds et les jambes et remarquait aussi une gêne des mouvements des membres supérieurs. Le 28, elle était incapable de se retourner dans son lit. Il y avait quelques légers mouvements du pied, mais la flexion des jambes et des cuisses était absolument impossible. Des deux côtés, l'avant-bras pouvait être fléchi sur le bras; le bras lui-même exécutait quelques mouvements, mais ne pouvait être porté à la tête. Il n'y avait point de la paralysie de la face ni de la langue, pas de troubles de la parole ni de l'intelligence. Les pupilles étaient normales. La douleur, que la malade rapportait aux os, disparut graduellement à mesure que la paralysie faisait des progrès. Celle-ci était incomplète le 27 au matin; puis, sans aucun phénomène nouveau, outre qu'un certain degré de raucité de la voix, la malade mourut le lendemain. Pas d'autopsie (Goss).

A défaut de faits constatés par nous, l'obligeance de M. le Dr Legroux, auquel nous faisons de vifs remercîments, nous permet de publier une observation inédite de paralysie d'origine variolique.

M..., 28 ans, vaccinée et revaccinée dans l'enfance, mais non depuis. Elle porte une cicatrice vaccinale unique et peu nette. Pas de maladie antérieure. Pas de rhumatisme. Pas d'affection cardiaque. Pas de syphilis. Deux enfants vivants, cinq morts, Mari tuberculeux, mort récemment.

Le 10 sept. Elle entre à la période d'éruption d'une variole cohérente grave. La malade est dans le collapsus. La variole évolue. La convalescence arrive. On remarque alors que la malade présente des troubles de la déglutition : reflux des aliments solides et liquides dans les fosses nasales; nasonnement de la voix ; difficulté d'articuler certaines syllabes. Outre cette paralysie du voile, on constate une glossoplégie incomplète, un affaiblissement des bras et des jambes.

Ces troubles auraient peu diminué le 29 octobre ; cependant, le rejet des solides par le nez n'a plus lieu, et le retour des liquides est intermittent.

Une quinzaine de jours plus tard, on observe une certaine amélioration ; car, un pôle étant mis sur la région mastoïdienne, l'autre sur le voile du palais, la sensation du courant continu est perçue. De plus on voit le pilier effectuer quelques contractions, quand on fait exécuter, la bouche ouverte, quelques inspirations puis produire quelques sons. La paralysie n'est donc plus complète. Mais la voix est encore nasonnée et certaines syllabes sont si défectueuses qu'elles sont presque inintelligibles : Les R sont roulées d'une façon spéciale ; les S dites avec un zézaiement marqué. Pour exprimer sa profession de *blanchisseuse*, elle dit *planchissesse*. Les mouvements de la langue dans tous les sens sont possibles, mais n'ont pas recouvré toute la liberté normale.

De même, la malade marche, mais non pas avec l'assurance normale, les membres pelviens étant plus faibles que les supérieurs.

Le pouvoir électro-moteur est diminué aussi bien que l'indice dynamométrique.

Anesthésie à peu près complète du voile et de la paroi postérieure du pharynx.

On peut également constater que les téguments du crâne, de la face, du cou, du thorax et de l'abdomen, présentent des deux côtés une insensibilité très nette au toucher, à la douleur et à la température. Inférieurement, la limite de l'anesthésie peut être considérée comme suivant une ligne qui passerait par les deux arcades crurales et par les crêtes iliaques. Les membres inférieurs sont sensibles il en est de même des membres supérieurs. Les sens spéciaux sont indemnes.

Cette malade a présenté, en outre, depuis son entrée au pavillon de convalescence des attaques extatiques, au nombre de 4 par mois environ et durant de 5 heures à deux jours. Elle tombe tout à coup sans mouvement, les membres dans la flaccidité la plus complète et dans une insensibilité absolue. La respiration est calme, régulière mais entrecoupée à certains moments d'une inspiration profonde et suspirieuse, suivie d'une pause. Les yeux sont ouverts, fixés sur un point, mais variant de position sans strabisme ; elle a la pupille tantôt dilatée tantôt contractée, la pupille gauche restant toujours plus large que l'autre. Plus de catalepsie ; les muscles ne se contractent pas sous l'influence des excitations.

Quand elle sort de ces crises, la malade est fatiguée ; la conjonctive garde encore un certain temps son insensibilité ; elle n'a aucun souvenir *au réveil*.

On ne sait si la malade avait de ces crises hystériques avant sa variole ; la malade assure que non.

Un autre cas de paralysie du côté droit, avec aphasie, puis mutisme prolongé a été observé par M. Bastard, à la *suite d'une variole*. Nous ne le rap-

portons pas, car elle eut lieu chez une femme manifestement et de longue date hystérique.

D'après ces deux cas, il ne faudrait pas croire que les
hémiplégies fussent aussi fréquentes que les paraplégies. Cette dernière forme de paralysie est de beaucoup
la plus commune dans la variole ; mais elle est exceptionnelle relativement à la rachialgie qui est habituelle. Si nous avons insisté sur ces faits, c'est que
nous les jugeons précieux pour notre manière de
voir et que nous croyons trouver dans la rachialgie
comme dans les paralysies, et comme nous allons le
voir encore dans les rash, la preuve palpable de l'a-
dultération du système nerveux, et particulièrement
de l'imprégnation de la moelle par le virus variolique, *à l'exclusion de l'encéphale.*

Que signifie la rachialgie, sinon que la moelle est
touchée ? Que signifie cette douleur *si solennelle*, de la
période d'invasion, sinon que l'ennemi est dans la
place (Landouzy, p. 307)? Cette céphalalgie, dont, sui-
suivant l'expression de Graves, souffrent, dans leurs
reins, les varioleux, qu'est-elle, sinon l'expression et
la conséquence d'une lésion médullaire ? La fluxion
méningée n'est-elle pas elle-même la conséquence
immédiate des troubles fonctionnels spinaux, dus à
l'imprégnation de l'agent morbigène sur la moelle ?
De là, la production possible de lésions méningées
d'autant plus importantes à considérer que ces lésions, une fois produites, peuvent devenir à leur tour
causes d'adultérations de la moelle.

Le variose a des affinités spinales accentuées, voilà
un fait évident. Par quel procédé arrive-t-il à les
satisfaire ? Ce n'est pas par l'hyperthermie qu'il agit
puisque nous avons vu souvent la paralysie survenir

aussi souvent dans les varioloïdes que dans les varioles confluentes.

Le poison va-t-il s'incorporer de proche en proche aux organites médullaires dont il pervertit plutôt qu'il ne détruit la fonction, puisque les paralysies sont souvent incomplètes et peu durables?

D'un côté, nous avons vu que la moelle présentait des points de ramollissements (Westphall, Damaschino et Roger). Mais d'autre part, M. Vulpian dit qu'il n'a jamais rencontré de lésion incontestable de la moelle dans les cas de variole où il y avait eu de violentes douleurs rachialgiques (Hayem, p. 147, t. II, 1873).

Nous laisserons à de plus compétents que nous le soin de résoudre ce problème. Pour nous, notre but est simplement de signaler l'infection variolique lentement propagée dans l'intimité des éléments nerveux de la moelle et le rapport, de cause à effet, nous semble rendu incontestable entre cette infection et les troubles médullaires signalés plus haut.

Si la moelle est fortement atteinte, dans la plupart des cas, l'encéphale est épargné, avons-nous ajouté. Nous en sommes également convaincu.

Jamais, en effet, nous n'avons observé de *délire* dans la variole. Expliquons-nous : nous avons vu un grand nombre de varioles graves, mortelles, évoluer sans que le malade ait cessé un instant d'avoir toute sa connaissance. Ce fait a été particulièrement frappant chez le garçon de café atteint de variole confluente dont nous avons déjà parlé et pourtant la fièvre et l'hyperthermie ont été très intenses.

Cette rareté du délire, dans les formes les plus variées de variole nous a beaucoup frappé.

Il n'en était plus de même dès qu'une complication

survenait. Le délire se montrait alors aussitôt, dans les cas de pneumonie, de sphacèle, d'infection putride, etc. Il y a lieu, en effet, d'éliminer le délire toxique par résorption purulente.

La variole était-elle survenue au contraire chez un alcoolique, le délire ne faisait pas défaut et même dans les varioles les plus discrètes ou dans la varioloïde, le délire et la perte de connaissance étaient complets, absolus et, apparus bien avant l'éruption, se prolongeaient jusqu'à la dessiccation. Nous nous souvenons particulièrement d'un jeune homme robuste, âgé de 28 ans, qui succomba dans un accès de delirium tremens survenu dans le cours d'une variole discrète. C'est encore, en effet, un des caractères de la variole de mettre en évidence le moindre substratum alcoolique présenté par le malade.

Enfin, nous avons vu deux cas de délire maniaque, tous deux se sont présentés à la suite ou dans le cours de varioles discrètes. Le premier est celui d'une femme de 32 ans, maigre, sèche, nerveuse, qui a dû être dirigée sur un asile d'aliénés à cause de cette excitation délirante excessive, continue, bruyante, apyrétique (sorte de manie aiguë.) Le second est celui d'un homme de 54 ans, lymphatique, adipeux, qui avait perdu toute notion de temps, de lieu, de son existence même, puisqu'il se croyait mort et qui avait un délire continu, mais calme, ne se manifestant pas spontanément (sorte de lypémanie passagère). Dans ces deux cas évidemment, il s'agissait de gens présentant une tare cérébrale préexistante, soit acquise, soit plutôt héréditaire, dont les aptitudes morbides saisissaient pour se manifester la première occasion venue. Une fièvre herpétique, un embarras gastrique, un érysipèle aurait aussi bien révélé et affirmé leurs tendances cérébrales que la variole. Ce sont de ces malades qui ont du délire à propos d'une indigestion, dont la moindre secousse peut rompre l'équilibre intellectuel instable et que M. le Dr Lasègue appelle des *candidats à la folie*, dont la variole peut être une cause occasionnelle.

Et en effet, à l'occasion et à la suite d'une variole discrète, nous avons vu éclater l'aliénation. Le malade guéri est sorti de l'hôpital pour se suicider, après avoir eu quinze jours de mutisme et de lypémanie. M. E. Besnier rapporte un autre cas de délire suicide consécutif à une variole bénigne (1870, Rapp. sur les mal. régnantes, p. 249) ; Lorain (p. 145) cite aussi un cas de folie froide et tranquille, sans agitation ni manie à grand éclat, sans delirium tremens.

Dans la nuit du septième et du huitième jour de sa varioloïde, le malade est pris d'hallucination, il entend des voix et converse avec un personnage imaginaire qui l'appelle, dit-il, par la fenêtre (14 au 15).

Il marmotte entre ses dents.

Le trouble cérébral continue très accusé. On est frappé de le substitution de cet état à la fièvre, qui avait décru insensiblement au moment de l'éruption.

15 au 16. Ce délire est encore l'équivalent morbide de la fièvre. Ramené à son lit et attaché, il transpire abondamment.

Pouls irrégulier. Véritable pouls d'aliéné.

Cependant les hallucinations disparaissent.

Le 20. L'état normal reparaît franchement. Guérison.

Cet état ne prouve donc pas plus que la fièvre contre la bénignité de la maladie.

Dans un mémoire sur les troubles cérébraux qu'il a observés non seulement après la variole mais dans le cours de la maladie. M. Emminghaus, d'Iéna (Arch. der Heilkunde, liv. 3 et 4) (V. Hayem, t. II, p. 671,

1873), attribue ces épiphénomènes, à la gêne circulatoire cérébrale par œdème de la face et du cou, à
l'insuffisance alimentaire pendant la fièvre, à l'altération des processus chimiques par abondance des
matières *grasses* nées sous l'influence de la diminution de l'albumine dans le sang (Bauer), à l'effet
toxique de l'acide valérique et des acides gras trouvés
dans les urines (Lehman, Frerichs, Gorup, Besanez,
acido valerianico, Berlini, 1855, Reisnerr).

Pour nous, nous avons vu trop de varioleux, même
asphyxiques, plongés dans le collapsus, ou atteints
de variole maligne à issue rapidement fatale, exempts
de troubles intellectuels pour croire à un délire
ou à des lésions cérébrales *par le fait même de la
variole*. Nous pensons qu'un varioleux qui n'a pas de
tare *cérébrale*, de complication phlegmasique quelconque, qui n'est pas sous le coup d'une résorption
purulente ou de l'alcoolisme, n'a pas droit au délire,
et que, d'après ce que nous avons observé, le *virus
variolique recherche la moelle mais non le cerveau*.

CHAPITRE III

I. — *Aperçu historique.*

Les exanthèmes prodromiques des maladies fébriles et principalement de la variole ont été signalés depuis longtemps. Mais longtemps aussi ces efflorescences prééruptives ont été confondues avec les fièvres éruptives elles-mêmes ou considérées, soit comme une éruption de même nature que la fièvre éruptive dans le cours de laquelle elles se montraient, mais avortée, rapetissée, à la manière d'une poussée d'essai, précédant l'éruption capitale, soit même comme une éruption d'une autre nature, mais surajoutée, annexée à la principale et venant la compliquer tout en la précédant.

Dans Sydenham (cap. III, p. 267), dans Hoffmann, Stoll, Vogel, Franck, nous trouvons quelques passages qui se rapportent peut-être aux rash, mais ces descriptions n'ont rien de précis, et l'éruption, entrevue par ces auteurs, se rattache plutôt à la rougeole qu'à la variole.

Dans les fièvres miliaires, on a signalé des exanthèmes rouges qui ne sont pas de véritables rash. Gastelier, dans la miliaire des femmes en couches. (1874), avait vu des *taches rouges* précéder l'éruption. Borsieri (1785) sépara la miliaire de la rougeole, mais ce médecin, que M. Lailler appelle le moniteur de la variole, ne paraît pas avoir observé le rash variolique.

Brillouet (*Journal de médecine* 1783, t. LXI; p. 166 — 1784, T. LXII, p. 40 et 43) parle d'une rougeole survenue avant l'éruption varioleuse chez un de ses inoculés. *Sutton* relève l'erreur et prétend, avec raison d'ailleurs, qu'il a eu affaire au *rash signalé par Dimsdale* (Present method of inoculation for the semale-pox, Edimb., t. VIII, ch. 8, 1790).

C'est en effet *Thomas Dimsdale* qui, le premier, en 1772, a signalé à l'attention des médecins les exanthèmes prééruptifs de la variole et qui les a désignés sous le nom de *rash*.

Tels sont les premiers faits importants, et précis que l'on trouve à noter dans l'histoire des rash. Ceux-ci continueront cependant longtemps encore à être confondus avec les rougeoles ou les scarlatines et d'autant plus facilement qu'on admettait alors sans discussion et la dégénérescence d'une fièvre éruptive quelconque en une autre fièvre éruptive et la contemporanéité, chez le même malade, des diverses fièvres éruptives.

Les rash ont été plus étudiés en Angleterre qu'ailleurs, parce que les rash sont, au dire de Bateman, plus fréquents dans les varioles inoculées que dans les varioles spontanées; or l'Angleterre est la patrie des inoculations: Pearson en 1800, Willan et Bateman, en 1801 (variola rosacea), en ont fait, surtout ce dernier, de bonnes descriptions qui ont été très fidèlement reproduites par Rayer.

Viennent ensuite les travaux de Wendt et surtout de *Morton* (In medic. transact, vol. V, p. 149, 1e série Some account of a rash liable to be mistaken for scarlatina) puis de Valker (Inquiry to the smale-pox); ceux de Dessessarts, en Allemagne (Mémoire de l'institut national); ceux de Dezoteux et Valentin en France (Traité de l'inoculation, 1799, chapitre 3, p. 238).

Après être tombée dans une assez longue indiférence, l'étude des rash est rentrée de nos jours en honneur.

En 1812, Latour signale, dans les *varioles* à *forme typhoïde*, des *taches rouges* qui sont prises pour des taches lenticulaires jusqu'à l'apparition de l'éruption variolique caractéristique.

En 1816, Duclos les attribue à une suractivité cutanée et à la plus grande quantité de sels contenus dans la sueur (voir la clinique de Trousseau).

En 1818, M. Delpech, dans une leçon publiée par 'a *Gazette médicale des Hôpitaux*, professe et établit nettement la distinction entre la rougeole, la variole e: la scarlatine et les exanthèmes.

En 1849, M. Faivre publie une thèse dans laquelle croit avec Rostan à la coexistence sur le même individu, de la variole, de la scarlatine, de la rougeole et du purpura.

En 1854, M. Armand Moreau les rattache directement à la période d'invasion de la variole.

En 1859, M. Hardy, dans ses leçons sur les maladies de la peau, leur consacre quelques pages.

L'année suivante, M. Alméiras considère les rash scarlatiniformes comme une entité morbide, comme une éruption spéciale précédant la manifestation cutanée des fièvres éruptives et complètement indépendante d'elles.

Trousseau (t. I. p. 29) accepte les deux divisions étab'ies par Valentin, dans ces *éruptions particulieres,* qui apparaissent, soit le jour, soit la veille de l'éruption pustuleuse dans les varioles modifiées.

En 1869, Isambert soulève à propos des rash varioliques une discussion à laquelle prennent part Chauffard, Gubler, M. Labbé (Soc. méd. juillet), qui ne peuvent s'accorder sur le pronostic des rash.

Un certain nombre d'observations sont alors publiées (Guéneau de Mussy, Pauchon, Mouv. méd. 1870). Signalons encore la thèse de M. Fauny (1870), qui étudie le rash au point de vue du diagnostic et surtout du pronostic, ainsi que le remarquable travail du Dr Hamel sur les rash varioliques (1870).

Les discussions de 1869, 70 et 71, sur les rash, à la Société médicale des hôpitaux montrent combien les cliniciens étaient encore loin de s'entendre sur cette question, *il y a quelques années à peine.* Chauffard doute même encore de leur existence et cherche à les englober dans la forme hémorrhagique de la variole. En tous cas, il proteste contre l'introduction de ce mot dans l'histoire de la variole. M. Labbé, qui croit les rash plus fréquents aujourd'hui qu'autrefois, nous apprend que Chomel, malgré sa grande expérience, n'aurait observé les rash que dans les dernières années de sa carrière. Isambert raconte que c'est en 1860 qu'ils lui ont été montrés pour la première fois par Aran, dans le service de Rostan, à l'Hôtel-Dieu, et que jusqu'en 1869, il n'en a vu que deux ou trois cas.

Quant à l'expression, il n'y a qu'une trentaine d'années qu'elle a pris droit de domicile, en France, où elle fut introduite à la clinique de Chomel par un élève anglais. (Soc. méd. des hôp. 1869, p. 122).

Il nous reste à mentionner les travaux de M. Simon (de Hambourg) 1872, et une clinique de M. Sée, ré-

digée par M. Sevestre dans le journal de *Lucas Cham-
pionnère* (1875, p. 151), sur les « rash prévarioliques »
dénomination fort mauvaise, comme nous l'établirons
plus loin.

M. le D' Legroux a fait, sur les rash, un très remarquable article, dans le dictionnaire de Dechambre
(1874) où il expose très exactement l'état de la science
sur la question. Nous avions fait notre travail avant
d'avoir lu cet article, voulant, pour la description et
l'analyse de ce phénomène pathologique, garder toute
notre indépendance et ne nous baser que sur ce que
nous avions pu voir; nous sommes heureux de pouvoir appuyer notre manière de voir sur l'autorité de
ce clinicien.

Beaucoup de classiques gardent un silence absolu
sur les rash. Nous allons voir cependant qu'ils ont
une importance considérable, et une fréquence assez
grande, de nos jours du moins, puisque, dans l'épidémie parisienne de 1879, sur 400 cas de variole, nous
en avons observé 43 précédés ou accompagnés de rash.

La tendance que l'on peut remarquer de nos jours
est complètement opposée à celle que nous consta-
tions dans les premiers âges de l'histoire des rash.
Ceux-ci étaient alors confondus avec les diverses fièvres éruptives, soit isolées, soit simultanées. Aujour-
d'hui, sans en faire, comme M. Alméras, une entité
morbide tout à fait indépendante, un certain nombre
d'auteurs inclinent encore à les considérer comme
une éruption compagne fréquente de la variole, mais
non rattachée directement à la variole : c'est une
affection dans une maladie, c'est un accident dans
la variole (Parrot).

Nous croyons avec M. Legroux qu'il faut en faire
un véritable épiphénomène, un élément de plus dans

la série morbide de la variole, dans laquelle il y a d'autant plus lieu de les englober complètement que les rash ne sont, pour nous, que des symptômes prodromiques de la variole.

A propos de la *dénomination même des rash*, voici ce que nous apprend le procès-verbal de la séance du 11 juin 1869 (Soc. méd. des hôp.).

« Isambert répondant à Chauffard, déclare qu'il ne tient en aucune façon aux mots étrangers et qu'il a accepté ce nom parce qu'il a cours dans la science et surtout parce qu'il n'en connaît pas d'autre pour exprimer un fait clinique particulier. Quant à la signification précise de ce mot, Isambert a consulté un collègue fort compétent à cet égard, M. le Dr Ball. Il en est résulté qu'en anglais, le mot *rash* est à la fois un adjectif qui veut dire prompt, téméraire, emporté, *rageur*, et un substantif qui désigne d'une manière générale une *éruption rouge*, commune à diverses fièvres.

On lui adjoint souvent le nom de *mulberry* et l'on dit mulberry-rash, éruption couleur de jus de mûre, comme on dit en France, exanthème scarlatiniforme.

Quant à la variole, on dit le *variolous rash*, c'est-à-dire le *rash varioleux* pour indiquer une *éruption* propre à certaines formes de variole ; mais on a tort de dire la *variole rash*, puisque *rash* st ici le substantif et *variolous* l'adjectif.

Quant au sens de *démangeaison* ou *picotement* que M. Labbé attribue au mot rash, cette acception n'appartient pas au mot anglais, mais au mot italien *raschiare*, racler, gratter, qui paraît avoir été l'étymologie du mot anglais. Les étymologistes anglais citent le nom italien *rascia*, qui voudrait dire la gale (Dict. anglais-français de Fleming et de Tibbins, in 4°,

Firmin-Didot, 1849). Isambert, n'a jamais entendu
cette dénomination en Italie, où la gale est commu-
nément appelée la rogna ou la scabbia. »

M. Legroux (loc. cit. d'après Webster), « le *Littré*
d'outre-Manche », en fait le synonyme d'éruption. Le
fait semble exact lorsqu'il cite l'expression *red rash*
rouge éruption, mais non dans celle de *variolous rash*
qui désigne non pas l'*éruption variolique*, mais *le rash
dans la variole*.

Quant à nous, sans aller si loin, nous prendrons
simplement au mot *rash* son sens de *rougeur* et de
soudaineté en excluant toute idée de démangeaison qui
manque complètement et toujours au niveau des rash.
Le mot *rash* répond à un fait et à une idée cliniques
qu'aucun autre mot connu ne peut rendre aussi bien;
nous croyons donc qu'il y a lieu de le conserver dans
la langue médicale française. Qu'il nous soit encore
permis de faire une remarque : *Le rash n'est pas une
éruption*, dans le sens strict du mot, qui vient de *rum-
pere ex, faire irruption au dehors*. Le rash, en effet, fait
à peine saillie à la peau et ne franchit jamais l'épiderme, comme le montre bien l'*absence constante de
desquamation*. Le rash, au point de vue objectif, est
donc une *efflorescence*, mais non une *éruption cutanée*.
Et comme, d'autre part, il se montre dans le cours de
la variole, non pas pourtant, comme le dit M. Parrot,
pendant l'éruption, mais pendant l'invasion, on ne
peut dire qu'il est *prévariolique*, personne n'ayant
jamais fait exclusivement consister la variole dans l'é-
ruption. L'inexactitude de la dénomination de M. Sée
est donc complète, et tout au plus pourrait-on donner
au rash variolique celle d'*efflorescence prééruptive*.

III. — *Description générale des rash.*

Il ne faut pas confondre, sous le nom de *rash*, toutes les taches qui peuvent se montrer à la peau dans le cours d'une variole. Toutefois, les efflorescences cutanées, connues sous le nom de rash, peuvent revêtir plusieurs formes. On les divise en deux groupes : le groupe *hyperémique*, qui comprend les formes morbilleuse, rubéolique, érysipélateuse, ortiée (Gubler, Sée) et érythémateuse, le groupe *hémorrhagique*, dans lequel on peut distinguer la forme scarlatineuse et la forme purpurique, pourprée ou cramoisie.

Dans chacun de ces groupes existe une forme principale autour de laquelle on peut grouper toutes les autres, c'est la morbilleuse, pour le premier, et la scarlatineuse, pour le second.

Nous allons dès maintenant en exposer sommairement les principaux caractères.

Le rash *hyperémique* présente une coloration rose ou rosée, qui parfois peut passer au rouge, et même, plus rarement, affecter une teinte plus vive encore, presque carminée. Il est généralisé, uniforme, sans bourrelet, dans la forme *érythémateuse*. Il n'occupe qu'une région plus ou moins étendue, la face principalement, détermine une véritable tuméfaction du tissu cellulaire sous-jacent et se limite par des bords saillants, quand il est *érysipélateux*. Dans d'autres cas, la rougeur n'existe que sur certains points, prenant les aspects les plus capricieux, réalisant les dessins les plus variés: plaques, disques, corymbes, le plus souvent plats dans la forme *morbilleuse*, mais quelquefois surélevés en véritables papules *roséoliques* ou *ortiées*.

Le rash *hémorrhagique*, de beaucoup le plus fréquent, est le plus souvent partiel et limité à la racine des membres pelviens. Il est constitué par un piqueté miliaire, sans élevure ni saillie appréciable à l'œil ou au doigt. Ces points granités peuvent être relativement larges et bien isolés les uns des autres, ou bien très petits, très serrés, presque confluents. La région criblée peut avoir une teinte simplement rouge, ou aller jusqu'au rouge vif, écarlate ; le plus souvent, la coloration est purpurique, carminée, scarlatinoïde, d'un rouge sombre, violacé, lie de vin, ardoisé, presque noir, selon les moments, selon l'apparition plus ou moins récente, selon que les hémorrhagies miliaires sont ou non entourées d'une zone congestive.

Cet exposé sommaire suffit à faire pressentir les notables différences qui existent entre ces divers états de la peau. Dans le premier cas, on ne trouve que de la congestion, ce qui explique sa soudaineté d'apparition et de disparition. Le deuxième arrive toujours très rapidement, sinon d'emblée, à l'hémorrhagie en même temps qu'à la congestion. Cette hémorrhagie peut être légère, modérée ou très forte et aller jusqu'à la décoloration complète de la couche profonde de l'épiderme. De là vient que la coloration pâlit à peine et ne s'efface pas à la pression du doigt, qu'elle prend peu à peu toutes les teintes de l'ecchymose et qu'elle dure assez longtemps avec une intensité graduellement décroissante.

Le premier est généralisé ; toutefois, il est rare à la face et surtout aux pieds et aux mains. Le second est partiel, localisé aux aines, aux régions internes et postérieure des cuisses, aux régions pelviennes et hypogastriques, aux parois latérales du tronc où il forme deux étroits rubans, aux aisselles, aux plis du coude, à la face antérieure des poignets, aux creux poplités, et en un mot, à tous les points où, la face exceptée, la peau est fine, blanche et douce.

Tels sont ces rash, qui ont une histoire si agitée et dont nous allons maintenant examiner les divers caractères, le siège, la marche et la durée.

Description particulière des rash.

1° *Du rash hypérémique.*—Ce rash, qui est l'efflorescence cutanée par excellence, apparaît de bonne heure. Il est beaucoup plus fréquent qu'on ne le croit généralement. Mais, comme d'une part il est très fugace et que d'autre part il apparaît dans les premiers temps de l'invasion, le médecin n'est que rarement appelé, non seulement à le voir apparaître, mais même à l'observer dans son épanouissement. Ajoutons que, le plus souvent, sinon toujours, il naît par une poussée unique sur toute la surface du corps, excepté à la face, et surtout à la paume des mains et à la plante des pieds, où nous ne l'avons jamais observé et qu'il disparaît presque soudainement.

Ces caractères démontrent bien sa nature congestive, confirmée d'ailleurs par sa disparition complète sous la pression du doigt.

Bien qu'il soit un phénomène des premiers jours de la variole, ce rash ne s'est jamais montré dans les premières heures, mais toujours consécutivement à la fièvre, à la céphalalgie et à la rachialgie; c'est vers la fin du 2e jour et le commencement du 3e qu'il se montre le plus souvent. Il se caractérise par une rou--

geur généralisée ou affectant la forme de petites taches, les unes irrégulières, les autres ovalaires, celles-ci bien isolées, celles-là confluentes par groupes, par îlots, jamais saillantes, et ayant la plus grande analogie, soit avec l'érythème simple, soit avec l'exanthème de la rougeole. Dans le premier cas, on reconnaîtra la variété *érythémateuse*, uniforme, ou *hyperémique* continue. On peut dire qu'alors le malade est « *rouge comme une écrevisse* ». Dans le cas où des intervalles de peau saine se montrent entre les plaques congestives qui forment de véritables îlots présentant des méandres et des promontoires, on aura affaire au rash *morbilleux* proprement dit. Les taches qu'ils présentent sont festonnées ou arrondies, déchiquetées, disposées en cercles ou en disques, en croissants, mais le plus souvent sans forme déterminée. D'où les noms d'*érythème en corymbes*, d'*erythema gyratum* qui lui ont encore été donnés. La peau est simplement rosée, sans turgescence, sans bourrelets au niveau des bords, sans saillie au centre, *comme dans la rougeole*.

Chez d'autres malades, la lésion reste la même; elle est toujours du ressort de la congestion, mais elle n'est pas généralisée; les taches sont plus régulières que les précédentes, arrondies ou elliptiques, très légèrement saillantes dans leur partie centrale qui est surtout proéminente. C'est la variété *roséolique*, la papuleuse de certains auteurs; les taches sont moins généralisées, moins abondantes que dans le cas précédent; elles n'occupent que le thorax, l'abdomen, la racine des membres supérieurs et inférieurs, et ont une préférence marquée pour les genoux et pour les coudes qu'elles ne dépassent pas, mais sur lesquels et autour desquels elles sont groupées en abondance.

Les papules peuvent former de véritables élevures, très bombées, dont les bords sont d'un rouge faible et dont le centre présente un aspect luisant, blanchâtre, demi transparent, caractéristique de l'urticaire. Ce *rash ortié* n'est pas toujours aussi accentué; il peut, comme l'urticaire vraie, ne se montrer qu'avec des papules d'un rouge jaune assez marqué et sans reflet central. Cette variété est très rare; *nous ne l'avons pas observée*; nous avons au contraire vu 3 *cas de rash érythémateux* simple, 4 *cas de rash roséolique*, 1 *cas de rash érysipélateux*, dont nous rapportons plus loin en détail l'observation, à cause de sa rareté et de sa gravité, et 9 *cas de rash morbilleux*, soit 17 *rash hyperémiques* sur 44.

Toutes ces variétés ne sont que des aspects divers d'une seule et même lésion, créée par l'intoxication variolique et ne doivent pas être placées dans des cadres aussi distincts les uns des autres que l'ont fait certains auteurs. En effet, ces taches sont toujours les mêmes, répondent à une même distension capillaire, à une même angio-névrose et à un mécanisme identique, quelle que soit leur abondance, quelle que soit la régularité de leur disposition ou leur dissémination capricieuse.

Les rash hyperémiques, nous l'avons dit, apparaissent de très bonne heure : à la fin du 2e jour, ou dans la nuit du 2e au 3e jour de l'invasion variolique. Ils sont très fugaces, durent rarement 36 heures, le plus souvent 24, quelquefois 12 seulement. Ils disparaissent presque aussi subitement qu'ils se sont montrés ou graduellement, s'effaçant d'abord sur le tronc et ne persistant qu'à la face externe et postérieure des avant-bras où ils prennent la teinte rose thé; ils pâlissent de plus en plus et s'évanouissent.

Dans ces cas le malade a la fièvre, la face vultueuse, les yeux brillants, parfois injectés et larmoyants et le corps couvert de *taches bien semblables à celles de la rougeole*. Le lendemain il est parfois impossible de retrouver la moindre trace exanthématique. Au lieu de l'efflorescence qui couvrait la surface cutanée, on est tout surpris de revoir l'état normal troublé seulement par l'apparition de quelques rares pustules varioliques. C'est en effet quelques heures avant la papulation spécifique que disparaît le rash morbilleux. D'autres fois, il s'est montré de très bonne heure et il a disparu 24 heures avant l'éruption; mais vers son déclin s'est montré le rash scarlatinoïde qui lui est ainsi quelquefois associé. Les pustules varioliques se montrent d'ailleurs aussi abondantes, mais non pas davantage sur les points qui ont été occupés par le rash morbilleux que sur tout autre endroit du corps.

Nous n'avons jamais vu le rash hyperémique suivi de la desquamation. Il n'est accompagné ni précédé d'aucune démangeaison ; aussi le plus souvent apparaît-il et existe-t-il à l'insu du malade, car aucun changement appréciable dans l'allure de la maladie n'avertit de sa présence (Legroux).

Telle est la description de la forme régulière ou habituelle du rash hyperémique. Elle ne pourrait cependant pas s'appliquer d'une manière absolue à tous les cas. M. Sée (loc. cit.) rapporte quelques anomalies remarquables présentées par un rash hyperémique. L'une d'elles s'applique à la forme rubéolique. D'abord il occupait la face; c'est même par la face qu'il débuta. Il s'étendit ensuite de là à la région supérieure du tronc, mais atteignit à peine la ceinture. Enfin il dura pendant 5 jours.

Un autre rash présenta, pour ainsi dire, la réunion

de tous les caractères des autres variétés. Les taches avaient la forme de lentilles, de corymbes, de croissants, de demi-cercles, de disques, de cercles complets, de segments de cercle, de papules à bord dentelés, festonnés, crénelés, étoilés, déchiquetés; ces taches tranchaient sur la peau saine par une rougeur réticulée, dans d'autres points par une rougeur diffuse, ailleurs par une rougeur uniforme. Celle-ci avait les tons les plus variés, allant du rose pâle au rouge jus de framboise.

Bref, il s'est agi dans cette leçon clinique de rash se faisant remarquer par des attributs opposés aux propriétés habituellement caractéristiques.

La rougeur du rash hyperémique doit être bien séparée de la coloration congestive qui précède l'apparition des papules varioliques. Cette opinion a été soutenue, à tort croyons-nous, par des auteurs qui avaient remarqué que les papules s'étaient montrées au lieu même que l'hyperémie venait d'occuper. Nous avons déjà fait remarquer que l'abondance des taches morbilliformes n'est nullement en rapport avec celle des pustules varioliques qu'elles précédaient.

Notons enfin que, dans aucun cas, la température ne s'est abaissée après l'apparition de ce rash, comme après une éruption *qui est critique*.

II. — *Du rash hémorrhagique*. — Nous avons déjà signalé les principaux caractères de cet exanthème. Nous le mettons en seconde ligne, non pour son importance, ni pour sa fréquence, qui sont des plus grandes, mais à cause de son mode d'apparition. En effet il se montre plus tard que le précédent : *vers le quatrième jour* de la maladie, vers la fin de la période de l'invasion. De plus, il dure beauucoup plus longtemps que le rash morbilliforme et n'est pas éphémère comme lui. Il ne mérite pas non plus aussi bien que le morbilleux le nom d'éflorescence cutanée, que lui ont donné les anciens auteurs; il est né d'une lésion matérielle, et persistante de la peau, comme nous le dirons plus loin. *Il rappelle assez bien l'éruption scarlatineuse.*

Contrairement encore à ce qui se passe pour le rash morbiliforme, celui-ci n'est pas généralisé; il est parfois confiné dans la seule région des aines et des racines des cuisses, tout au plus forme-t-il une sorte de ceinture interrompue au niveau de la colonne vertébrale. Vient-il à dépasser ces limites, il est du moins beaucoup plus accentué à leur niveau. C'est donc déjà un point de ressemblance avec la scarlatine.

Mais c'est surtout par des caractères objectifs qu'il se rapproche de l'éruption de cette fièvre toxique.

Il est constitué en effet par des plaques ayant la couleur scarlatineuse; la coloration n'est pas uniforme. Sur un fond rouge lie de vin, se détachent une foule de petites taches, fines et serrées, arrondies pour qui les voit de loin, étoilées pour qui les regarde de près. Les piqûres de puces sont un point de repère très instable; la puce en effet fait chez certains individus des piqûres insignifiantes alors que chez d'autres, elle produit des papules dures, saillantes, étendues, en tous points analogues à celles de l'urticaire. Avec cette réserve, on peut admettre la comparaison qui a été faite entre les piqûres de puce et le pointillé scarlatinoïde de ce rash.

Ces morsures de puces seraient multipliées en certains points et seraient placées tellement près les unes des autres que l'aréole rose ou rouge, qui entoure le point lésé, ne pourrait se former et se confondrait avec celles du voisinage.

C'est surtout cette forme d'exanthème variolique que les Anglais désignent sous le nom de *variolous rash*. On lui ajoute parfois la qualification de pourpré, de muricolore, de *mulberry*, pour le distinguer du précédent.

Les petites taches qui le composent ne s'*élèvent pas au dessus du niveau de la peau*, ne sont pas perceptibles au toucher, et n'entraînent jamais le soulèvement ni le dessèchement, ni la desquamation de l'épiderme. Nous n'en avons du moins pas vu *un seul exemple;* les choses ne se passaient pas absolument de même autrefois, si l'on en croit Valentin et Dézoteux (traité de l'inoculation, ch. III, p. 238).

L'aspect granité de cet exanthème est fort accentué. Les taches peuvent atteindre la grosseur de fortes têtes d'épingles, surtout à la périphérie de la plaque scarlatinoïde, où elles sont plus larges et plus isolées qu'au centre. Le plus grand nombre est plus petit que la tête d'épingle, leur forme n'est ni régulière, ni arrondie, comme nous l'avons déjà fait remarquer. La plupart présentent des angles plus ou moins marqués, des bords terminés en aiguilles et rayonnés. Au centre les taches deviennent plus petites et plus nombreuses; elles se rapprochent de plus en plus et peuvent arriver à la confluence. Il n'y a plus alors qu'une plaque rouge, plus ou moins étendue, plus ou moins régulière de couleur cramoisie, comme dit Huxam, et produisant le même effet que si l'on avait barbouillé la peau avec du jus de framboise (Essai sur les différentes espèces de fièvre, p. 350). L'irrégularité devient plus manifeste à mesure qu'on se rapproche de la circonférence, elles sont plus éloignées les unes des autres, mais aussi plus pâles. D'autres fois cependant, sur les bords, le fond rouge, le substratum congestif, aréolaire pâlit seul, et le piqueté, se détachant mieux sur la peau saine, apparaît en grains plus marqués, plus larges et plus colorés qu'au centre. Pas un de ces grains ne présente au début de son apparition la saillie caractéristique de la papule qui est le début de l'éruption variolique, et que le bout de l'index découvre avec tant de certitude « alors même que l'œil ne la voit qu'avec peine » (Faivre, 1849).

C'est, avons-nous dit, à la région inguinale, à la racine des cuisses, à leur face interne surtout, dans l'aire du triangle de Scarpa, ou bien sur les flancs, en forme de ceinture que se montre de préférence ce rash ; celui d'un côté pouvant se réunir à celui du côté opposé, le pubis alors et la partie inférieure de régions médiane et latérales de l'abdomen sont recouverts du pointillé scarlatinoïde. Le rash se limite très souvent aux aines; quand il forme une bande autour de l'abdomen, il est déjà plus intense; on le voit alors monter de chaque côté du tronc en bande étroite et verticale qui s'étend jusqu'aux aisselles. Là, nouvel épanouissement de l'efflorescence : le rash granité en effet s'étale de nouveau et tapisse tout le creux axillaire d'un fin pointillé, d'une abondance, d'une largeur et d'une coloration toujours *moindres* que celles des régions inguinales. Enfin, dans les cas où il était le plus étendu, il avait dépassé les aisselles et envoyé comme une dernière poussée, de moins en moins nourrie, dans les plis du coude et sur les membres inférieurs, jusqu'aux creux poplités. M. le Dr Legroux le signale sur le dos des mains, et même à la face ; nous ne l'y avons jamais observé.

Tels sont les sièges qu'occupait le rash scarlatiniforme dans les cas de généralisation la plus étendue que nous lui ayons vue : 4 fois seulement sur 27 cas. Le plus souvent donc il est localisé à quelques travers de doigt au dessus et au dessous des aines, affectant une surface triangulaire à bords non saillants mais brusquement arrêtés.

Comme celle du précédent, l'apparition de ce rash peut se faire en une seule poussée, ou bien en une principale, primordiale, suivie de plusieurs autres moins intenses, successives et complémentaires en quelque sorte ; il ne semble d'ailleurs jamais mettre plus de 60 heures à se constituer : les poussées n'entrainent pas la production de phénomènes subjectifs bien accentués ; à peine dans les cas intenses, le malade, ou plutôt la malade, car c'est chez les femmes que nous avons observé les rash scarlatinoïdes les plus complets, accuse-t-elle une sensation plus ou moins vive d'ardeur, de chaleur aux aines ou de cuisson, sans aller jusqu'à la brûlure.

On examine la région indiquée par la malade, et l'on trouve le rash tout établi, installé d'emblée, tel qu'il vient d'être décrit. D'ordinaire, c'est le médecin qui le fait remarquer au malade pour lequel le moment exact de l'apparition a passé inaperçu. Dans un seul cas, nous avons vu la production du rash nettement fragmentée : dans un premier temps il envahit les aines ; dans le 2ᵉ, le pubis et les hypochondres ; dans le 3ᵉ, les parties latérales du tronc et les aisselles ; dans le 4ᵉ, les plis du coude et les creux poplités. Ces poussées ont été d'intensité décroissante, et ce sont elles qui ont mis 60 heures à s'effectuer.

Le plus souvent, il n'existe que sous sa forme atténuée ; parfois même la poussée unique a même pu avorter et au lieu de se manifester par un pointillé abondant et serré, le rash consiste absolument en quelques grains ecchymotiques, rares, miliaires, peu marqués, peu colorés, perdus dans les plis et dans les poils des plis inguinaux où il faut un examen attentif pour les découvrir. Le médecin doit néanmoins les rechercher avec grand soin ; c'est peut-être dans ces cas qu'il en tirera les enseignements les plus profitables.

Ce n'est pas avant la cinquante-huitième heure de l'invasion que se montre le rash scarlatiniforme ; c'est le plus souvent à la fin du quatrième jour et plus rarement du cinquième jour. Il précède donc l'éruption ; et c'est dans les cas où celle-ci apparaît de bonne heure que le rash est aussi plus hâtif. Cette préexistence n'a cependant rien de fatal ni d'absolu, comme le montrent les cas rapportés par M. Gueneau de Mussy (*Gaz. des Hôpitaux*, 1869) et par M. Sée (*Loc. cit.*), dans lesquels les rash se sont montrés le lendemain de l'éruption variolique. Ce sont là des cas d'apparition anormale et excessivement rare du rash.

Le moment d'apparition, la marche des rash hyperémiques et hémorrhagiques sont également dissemblables. Tandis que les premiers sont éphémères et disparaissent comme ils sont venus en quelques heures après une durée maximum de quarante heures, les rash granités se prolongent pendant tout un septénaire et parfois même au-delà. Nous l'avons vu persister alors que la varioloïde, qu'il avait annoncée, avait été si peu intense qu'il lui survécut de beaucoup.

La description précédente fait pressentir les différences de teintes que, selon les jours, on va rencontrer, allant de la couleur rose à la coloration cramoisie et framboisée. D'autres fois même, au lieu d'être rouge et écarlate, il apparaît et reste ou devient sombre violacé, brunâtre, presque noir. Nous verrons plus loin à quelles lésions répondent ces cas exceptionnels. Mais, même dans ses formes les moins accusées, le rash granité résiste à la pression, même forte, même prolongée, de la peau par la pulpe digitale. A peine pâlit-il, contrairement au rash érythémateux qui s'efface complètement.

Une fois produit, le rash scarlatiniforme persiste avec sa coloration propre pendant un, deux et même trois jours. Puis il pâlit peu à peu, de rouge, puis rose, devient rose-thé, jaune-paille ou beurre-frais, puis grisâtre et blanc sale, enfin il s'efface. Mais alors même qu'il a disparu, on peut encore le plus souvent, surtout s'il a eu quelque intensité, sinon établir, du moins fortement soupçonner son existence. Il est impossible d'ailleurs, si l'on veut se conformer strictement et rigoureusement aux faits, d'assigner une durée précise à chacune de ces modifications, à leur persistance ou à leur disparition.

Chaque varioleux administre pour ainsi dire, à sa manière, son rash dont la régression se fait rapidement ou lentement suivant les sujets, ou bien promptement seulement vers le déclin, après avoir d'abord rétrocédé graduellement; la marche inverse peut aussi se présenter.

Cette lenteur de résolution fait que cette forme d'exanthème n'échappe pas à l'observateur et qu'il est remarqué à peu près toutes les fois qu'il a lieu. Ce n'est pourtant pas pour cela que le rash scarlatinoïde semble plus fréquent que le morbilleux . il l'emporte sur lui en fréquence d'une manière bien véritable. C'est ainsi que sur 400 varioleux, nous avons observé 17 rash hyperémiques et 27 rash scarlatiniformes.

D'après ce que nous lisons dans les divers auteurs, cette proportion est moins considérable que celle qui existe habituellement.

Le rash scarlatinoïde disparaît en sens inverse de son apparition : d'abord des plis de coudes, des creux poplités, des aisselles, et à la fin seulement des aines où il persiste plus ou moins longuement.

L'évolution totale dure, *en moyenne*, une huitaine de jours ; dans certains cas, elle a pu se faire en beaucoup plus ou en beaucoup moins de jours.

Nous n'avons jamais vu aucun rash scarlatinoïde entraîner, par son fait, la desquamation de la peau.

Tels sont *les deux rash varioliques*. On s'est complu à en multiplier sans nécessité les formes cliniques. Suivant les cas et les sujets, ils peuvent bien présenter quelques différences de siège, d'aspect ou d'abondance. Mais ce sont là de simples nuances ou de ces caprices pathologiques dont est peuplée la clinique de toutes les maladies et qui autorisent tout au plus l'observateur à distinguer quelques variétés. Nous devons cependant, faire une réserve pour le rash érysipélateux qui est vraiment fort singulier.

Les deux formes de rash, que nous avons admises, et que nous nous sommes efforcé d'établir et de comparer, relèvent d'une même cause et résultent de la continuation d'action d'une même force sur la dilatation des réseaux vasculaires superficiels ; et la preuve, c'est qu'ils peuvent se rencontrer sur le même sujet. Chacune de ces deux formes garde alors ses caractères propres, et évolue avec une indépendance absolue l'une de l'autre. C'était d'ailleurs à prévoir : gardant leurs modalités respectives, elles apparaissent par conséquent l'une après l'autre, et, se rencontrant à peine, elles ne peuvent se gêner. Elles se mélangent sans se confondre et sans former ce qu'on a appelé les *rash mixtes*. La seconde apparaît généralement peu de temps avant que la première s'efface et leur présence simultanée n'est pas de longue durée. Elles ne se modifient d'ailleurs nullement l'une l'autre et ce n'est pas l'une qui se transforme en l'autre. Le rash morbilliforme se montre le deuxième jour, s'épanouit le troisième et s'effacera au plus tard le quatrième, c'est-à-dire précisément le jour où doit se montrer le rash scarlatiniforme. Celui-ci évoluera ensuite comme nous venons de voir, avec plus ou moins d'intensité et de rapidité.

C'est cette association, cette rencontre des rash qui ont si souvent accrédité la croyance à la prétendue contemporanéité des fièvres éruptives chez un même malade. Nous verrons plus loin qu'il n'en est rien. Dans le cas de coïncidence de ces efflorescences, on se figure aisément l'aspect singulier de la peau qui est le siège de ces exanthèmes polymorphes. Cet aspect sera encore rendu plus saisissant si on imagine comme on peut le faire, puisque nous sommes arrivés au quatrième ou au cinquième jour de la maladie, que l'éruption variolique est elle-même en voie de préparation manifeste et d'éclosion. C'est à cette époque en effet, que se montrent ces papules, à base aréolaire rouge et congestive, qui, par leurs dimensions, leurs formes et surtout par leurs saillies à la surface de la peau, se perçoivent par le doigt mieux encore que par l'œil; elles se distinguent nettement des dessins exanthématiques et constituent l'éruption variolique, proprement dite, si bruyamment annoncée et précédée par ce brillant cortège. Souvent, très grande est la surprise de l'observateur, lorsque vingt-quatre heures après, une sorte d'apaisement ayant eu lieu dans tous ces troubles de la vascularisation cutanée, et l'efflorescence s'étant évanouie en presque totalité, il ne retrouve plus que quelques rare pustules disséminées sur toute la surface du corps On avait pu croire à une rougeole et à une scarlatine évoluant chez le même individu en même temps qu'une variole et on pouvait s'attendre à voir le malade bientôt réduit à toute extrémité : tout ce fracas n'a conduit qu'à une variole discrète et même, comme nous en avons vu plusieurs cas, à une varioloïde légère !

Les pustules varioliques naissent et se développent aussi bien sur les points qui ont été d'abord envahis par le rash hypérémique que sur les intervalles de peau restée saine, c'est-à-dire entre les mailles de l'efflorescence. Elles font, au contraire, le plus souvent défaut au niveau du rash scarlatinoïde qui est fort remarquable par son antagonisme avec l'éruption variolique.

Dans certains cas, en effet, on ne voit pas une seule pustule variolique développée dans toute la région occupée par ce rash. Les limites de celui-ci sont quelquefois marquées ainsi avec une netteté surprenante. L'éruption est arrêtée au niveau du triangle de Scarpa, par exemple, comme par une barrière infranchissable au pied de laquelle elle se multiplie et s'accumule pour ainsi dire, comme l'écume de la mer au bas de la falaise : nulle en deçà, confluente au delà !

Le trouble vasculaire qui engendre le rash hyperémique est-il de trop peu de durée et de gravité pour retentir sur la marche de l'éruption ? Il semble que celle-ci se comporte comme si elle n'avait pas été précédée par le rash hyperémique. Dans le cas de rash morbilleux, le contrôle, il faut l'avouer, est extrêmement délicat et il est bien difficile de dire si l'éruption ne pousse qu'entre les taches ou bien indifféremment leur surface. Nous n'avons pu faire une observation suffisamment attentive pour décider la question. Dans certains cas, cependant, le rash morbilleux semble aussi procurer l'immunité éruptive aux régions qu'il a occupées (?), M. Empis a observé un rash morbilleux fortement accentué. Au bout de vingt-quatre heures, les taches rosées disparurent et l'éruption variolique se manifesta franchement. Dans ce cas, l'éruption variolique a été d'autant plus discrète qu'elle s'était développée sur des régions du corps où l'éruption morbilliforme avait été *la plus confluente*: Sur le ventre, sur la poitrine, par exemple, où les taches morbilliformes étaient *très confluentes*, à peine y comptait-on 3 ou 4 pustules. *Ainsi la place occupée par le rash, est la seule qui ne se couvre pas de pustules.* La maladie d'ailleurs s'est brusquement enrayée au moment de la maturation et est restée varioloïde (Soc. méd. des Hôp., 1869, p. 61).

Dans d'autres cas, le *rash hémorrhagique scarlatiforme* est au contraire un stimulant énergique, un agent provocateur de l'éruption variolique. Les régions occupées par le rash sont le siège d'une éruption absolument confluente, comme si les pustules s'y étaient acharnées à dessein et comme si au contraire elles avaient voulu épargner le reste du corps.

Ces dispositions insolites ont pu se montrer si frappantes que certains observateurs ont regardé ce fait comme la règle : « Les pustules restent ordinairement plus confluentes sur le siège primitif du rash que sur les autres régions du corps. » (Soc. méd. 1869, loc. cit.) Nous rechercherons plus loin les causes auxquelles peuvent tenir, à l'occasion d'un même phénomène pathologique, des différences si marquées.

Nous ne pouvons citer ici toutes nos observations de rash ; à simple titre d'exemple, nous rapporterons les deux suivantes :

Obs. V. — Variole discrète sur le corps, cohérente au visage. — Rash hyperémique, papulo-érythémateux, scarlatinoïde. — Immunité remarquable.

Vers le milieu du troisième jour, sensations de chaleur, de cuisson même aux cuisses et aux aines. Au bout de quelques heures, disparition de ce prurit. Nous observons à la visite du soir l'apparition d'un rash, dont il n'y avait pas trace le matin : *apparition vers la soixantième heure d'un rash rosé, érythémateux, magnifique.*

Sur un fond uniformément rouge, se détache un certain nombre de taches, de forme papuleuse, un peu plus foncées en couleur rouge que les parties voisines, mais non entourées ni composées elles-mêmes d'ecchymoses. Il n'y a en effet aucune tache analogue au purpura, et *tout pâlit momentanément à la pression.*

Ainsi, pas de démangeaison depuis l'apparition du rash, mais sensations de brûlure l'ayant précédé.

A la fin du cinquième jour, apparition des papules varioliques. Ce matin, cependant, les papules étaient sensibles au doigt, sur la peau de la cuisse gauche.

Le rash a envahi non seulement les aines et la face interne des cuisses, mais encore les fosses iliaques internes et externes, le mont de Vénus, de façon à former aux flancs une sorte de ceinture interrompue seulement en arrière (sorte de caleçon de bain). De là il s'étend en bande étroite, latéralement, le long des lignes axillo-iliaques du tronc et gagne les aisselles où, s'étalant de nouveau, il occupe toute la région axillaire. Un certain nombre de pointillés rouges, disséminés, se remarquent aussi au niveau des plis du coude. Il n'y a pas la moindre tache de purpura. Dans les aines et sur le ventre, la rougeur carminée est si prononcée qu'elle résiste à la pression, même assez forte, et pâlit à peine. Le fond rouge, alors atténué, laisse voir plus nettement les points granités qui s'y trouvent et qui ne paraissent pas spontanément.

6ᵉ jour. L'éruption variolique est très nette. Il n'y a aucune papulo-vésicule au niveau du rash qui s'étend sur le ventre, les cuisses et les aisselles. Il y a eu évidemment des poussées nouvelles; car les points granités sont beaucoup plus nombreux aux aisselles et aux plis du coude et aux creux poplités. Il n'en existe aucun ni au cou ni sur les mains, etc. Le rash a toujours une coloration très accentuée, très brillante, très remarquable, mais il n'est ni carmin, ni violacé à la manière du purpura.

7ᵉ jour. Le rash est toujours splendide; cependant il a pâli assez notablement. Il est très remarquable par ce fait : Il n'y a aucune pustule variolique dans toute la surface cutanée qu'il occupe. Sur les cuisses cependant, il occupe une grande étendue, supérieure à ce que nous avons vu d'ordinaire. Il forme comme une barrière infranchissable à l'éruption ; ses limites sont nettement tranchées, car, immédiatement au delà, les vésicules apparaissent plus nombreuses même que sur le reste du corps.

8ᵒ jour. 5ᵉ du rash. Il a pâli de plus en plus ; il donne aux téguments une teinte jaune tendre (beurre frais). L'éruption variolique devient vésiculeuse. A la face et au dos des mains, où elles sont très nombreuses et se trouchent sans pourtant se confondre, elles ont l'aspect luisant, elles sont rugueuses, dures, résistantes, serrées, ovalaires, égales, de forme et de volume semblables. Cette disposition, qui est un très bon signe, indique une dessiccation très rapide et sans suppuration prolongée. Il y a encore 38° de Temp.

9ᵉ jour. La coloration jaune des aines est encore moins accentuée; elle est un peu grisâtre. Disparition aux plis du coude, aux creux poplités et aux aisselles.

10ᵉ jour. Le rash a partout disparu (après 7 jours), il ne marque plus la trace de son existence que par l'absence absolue de papules dans toute l'étendue de peau qu'il a occupée. La peau tranche alors par son état d'intégrité sur les régions voisines couvertes de pustules.

11ᵉ jour. Dessiccation commençante à la face.

12ᵒ jour. Dessiccation des pustules des avant-bras et formation de petites croûtes sèches, brillantes, cornées, non confluentes. Elles le sont à la face.

Le rash n'a jamais fait la moindre saillie à la surface de la peau. Nous ne croyons pas qu'il puisse y en avoir de plus intense que celui-ci; cependant jamais d'élevure", jamais d'éruption proprement dite ; pas le moindre piqueté de purpura. Pas la moindre desquamation.

Quoique le rash hyperémique eut disparu, les doigts se marquent encore par une plaque un peu plus blanche ; mais les pointillés scarlatinoïdes ne disparaissaient nullement à la pression.

13° jour. Longtemps la peau ne reprit pas la blancheur de la peau saine; elle était grisâtre, et, en l'examinant attentivement, on pouvait découvrir çà et là de petits points plus foncés, très serrés, vestiges de cette remarquable efflorescence prééruptive.

Le 16° jour de la maladie, le 13° du rash, ces faibles différences entre la peau saine et la peau exanthématisée, avaient aussi disparu. Pas la moindre pustule ni desquamation dans toute son étendue.

La nérisgon de la malade s'effectue rapidement.

Obs. X. — Rash érythémateux, scarlatinoïde, érysipélateux. — Variole confluente hémorrhagique. — Mort.

Syphilis contractée il y a six ans. Misère et alimentation insuffisante. Chagrins. Surmenage.

Syphilis maligne. Syphilides ulcéro-tuberculeuses, périostose gommeuses du frontal et de la clavicule gauches.

C'est dans ces conditions que la malade (21 février) entre dans le service de M. le professeur Fournier.

Depuis une dizaine de jours vertiges, malaises vagues, céphalalgie, pas de troubles intellectuels.

28 février. Fièvre vive, céphalalgie, embarras gastrique. Il y a des érysipèles dans le service ; on le soupçonne ici.

Le 29. A la suite d'un examen minutieux, on trouve une légère sensibilité du cuir chevelu de la région occipitale, et une rougeur légère, sans bourrelet qui semble en descendre et envahir la nuque. Pas d'adénite cervicale.

1er mars. Persistance de la fièvre, de la céphalalgie, des nausées et de la courbature. Mais voulant montrer ce matin l'érysipèle à M. Fournier, nous ne trouvons plus trace de l'érythème constaté très nettement la veille. T. 40,1.

Le 2. La malade présente dans les aines un rash scarlatiniforme peu fourni, mais très net. Aux mains et aux avant-bras, il y a une rougeur vive, rosée, d'une teinte gaie sur laquelle se détache un certain nombre de petites papules très fines, plus sensibles au toucher qu'à l'œil, et ne laissant aucun doute sur leur nature varioleuse. Cependant, chose très remarquable, il n'y a pour ainsi dire aucune papule à la face. Cependant la figure est rouge, bouffie, et l'œil droit est fermé par les paupières, absolument comme s'il y avait de l'érysipèle. La plaie syphilitique de l'omoplate est toujours intacte, et aucun érysipèle n'en part ni n'y vient aboutir.

T. ax. de ce matin, 39,2.

La malade se plaint des reins et indique exclusivement la région sacrée (sacralgie).

Pas de délire. Insomnie. Soif vive. La malade est envoyée au pavillon d'isolement.

Le 3. La malade a 100 pulsations et ressent un anéantissement complet de son être. Le gonflement a envahi l'œil gauche ; et toute la fac est tuméfiée, bouffie, d'une rougeur vive et intense, apparaissant pour ainsi dire au travers de la poudre d'amidon, et sans aucune papule variolique. On jurerait d'un érysipèle de la face, mais il n'y a pas d'adénite, il n'y a pas de bourrelets saillants, et la peau de la face et du cuir chevelu n'est nullement douloureuse au toucher qui a la sensation d'un notable empâtement. De plus, la malade n'a pas le moindre délire.

Nous penchons donc pour un rash érythémateux, le deuxième jour pour un rash scarlatinoïde inguinal, et enfin pour l'apparition, au troisième jour aussi, d'un rash érysipélateux.

Le 4. La face est toujours plus gonflée ; on n'y trouve aucune saillie, aucune apparence de papule. Les paupières et les joues ont pris, depuis hier une teinte violacée très marquée due à la formation de suffusions sanguines sous-cutanées.

Les membres, le tronc, sont couverts d'une éruption mal venue formée de vésicules petites, serrées, inégales, aplaties, et dont quelques unes, les plus larges, sont remplies de sang.

La malade n'a pas le moindre délire, mais elle a le sentiment d'un profond anéantissement, et elle a une grande anxiété.

La syphilide de l'omoplate est tuméfiée en masse, comme soulevée dans sa totalité ; elle est d'ailleurs fanée, desséchée et couverte de croûtes noires. Avant la maladie elle était rouge, ulcérée et présentait des bourgeons qu'il avait fallu réprimer déjà deux fois avec le crayon ; d'où l'idée que l'érysipèle était née sur les bords de cette plaie. Nous avons vu qu'il n'en avait rien été et que la plaie n'avait même pas été touchée par le rash érysipélateux.

Il a d'ailleurs été difficile de voir quand s'est terminé ce rash. La variole était confluente, elle prit ensuite le caractère hémorrhagique et, au milieu de si graves accidents, les symptômes des rash devinrent insaisissables.

L'éruption s'était montrée après 24 heures, indice d'une variole d'autant plus grave qu'elle atteignait un sujet plus débilité, d'où peut-être la transformation hémorrhagique de la maladie.

Le 6. La langue est sèche, le pouls petit, la malade épuisée et asphyxique. Le visage est hideux grâce à la bouffissure et à la teinte noire. La malade, à ce moment même, jouit de toute sa connaissance et s'écrie avec terreur : « Il n'y a donc plus d'espoir ! »

Le 7. La malade est morte le huitième ou le neuvième jour de sa maladie.

Autopsie.— Coloration bleuâtre généralisée de la peau. L'épiderme soulevé sous toute la surface du corps, se détache au moindre contact par vastes lambeaux comme après une longue macération. On trouve au-dessous une foule de points rouges ou noirs, très serrés confluents en beaucoup de points et qui sont les traces des papules hémorrhagiques et encore peu développées. Elles forment autour du cou un large collier confluent. Mais, chose remarquable, elles sont extrêmement rares à la face et sur le cuir chevelu, c'est-à-dire dans les régions occupées par le rash érysipélateux. Le tissu cellulaire sous-cutané de la tête est, dans toute son étendue et à l'exclusion de celui de toute autre région, le siége d'une infiltration séreuse, très prononcée, qui lui donne une épaisseur de plus d'un centimètre.

Suffusions hémorrhagiques intra-musculaires.

Reins en voie de dégénérescence graisseuse peu avancée.

Foie tout à fait graisseux.

Poumons très congestionnés, sans apoplexie.

Echymoses sous-pleurales. Pas d'épanchement pleural.

Ecchymoses sous-endocardiques, allant jusqu'à la base des valvules, mais sans les envahir. Pas d'endocardite. Cœur de coloration et de volume normaux.

La syphilide ulcéreuse est flétrie et fanée, mais elle n'a nullement été guérie par la variole. Tout ce qu'on peut dire, c'est que la variole a fait cesser tout travail ulcératif aussi bien que tout travail réparateur.

Les lésions du crâne, des méninges et de l'encéphale étaient très marquées ; elles ont été l'objet d'une remarquable communication de M. Fournier, à la Société médicale où elles ont été décrites et analysées en détail.

III. — *Diagnostic des rash.* — *Le diagnostic des rash* est en général facile. On ne rencontre de véritables difficultés que si l'on n'envisage pas l'*ensemble* des symptômes présentés simultanément par le malade.

Si l'on ne considère que les symptômes généraux, ils ressembleront certainement à tous ceux des fièvres éruptives : Celles-ci n'étant que des empoisonnements au même titre que la variole, il n'est pas étonnant que, dans un examen superficiel, on puisse leur trouver une grande ressemblance ; quand l'organisme est atteint par un poison morbide, ne réagit-il pas toujours suivant un mode analogue ?

Mais si l'on regarde les choses de plus près, on ne tarde pas à saisir des différences essentielles : l'ordre d'apparition des symptômes, l'élévation de la température, la durée, la marche, les points spécialement affectés et la manière dont ils le sont (gorge, par exemple), sont autant de signes distinctifs qui viennent pour ainsi dire mettre l'étiquette au genre d'intoxication.

Nous avons vu en effet qu'il n'était pas possible de compter, même d'une façon générale, sur la constance des signes même spéciaux et distinctifs de l'intoxication variolique ; les vomissements, la rachialgie peuvent manquer ; c'est donc alors les nuances symptomatologiques seules qui sont les éléments de diagnostic.

De même, si l'on se borne à envisager, tout à fait isolés des phénomènes généraux, les symptômes locaux, et à faire, pour ainsi dire, table rase des renseignements fournis par la réunion même des syndromes, soit locaux, soit généraux, qui, souvent banals par eux-mêmes, acquièrent une signification par le fait seul de leur association, on compliquera artificiellement le problème d'une façon pire que ne le fait jamais la nature.

C'est alors en effet qu'on devra établir le diagnostic différentiel de toutes les congestions et de toutes les hémorrhagies de la peau, depuis les érythèmes médicamenteux et solaires, ceux qui sont nés des diverses fièvres éruptives, ortiées, érysipélateuses et autres, ceux qui sont dus aux parasites cutanés, ceux qui naissent sous des influences climatériques ou alimentaires, jusqu'aux érythèmes exsudatifs polymorphes, aux érythèmes noueux, papuleux et purpuriques, aux différents lichens et particulièrement au lichen planus, à l'eczéma rubrum, au pityriasis même et jusqu'à la roséole syphilitique.

On voit combien la question devient immédiatement complexe. C'est précisément ce qu'on évite si l'on veut bien s'entourer de tous les éclaircissements que viennent apporter soit par eux-mêmes, soit par leur réunion, les divers symptômes. On arrivera alors à juger d'une façon toute différente, plus vite et plus sûrement; l'horizon, au lieu de se rétrécir, s'est élargi, et, à mesure qu'il s'étend, la question spéciale diminue de tout son cercle de diffusion, et, accentuant mieux ses reliefs, se pose plus nettement.

Donc, grâce aux phénomènes *commémoratifs et concomitants*, bien pris en considération, le diagnostic deviendra plus facile. Il ne faudrait toutefois pas croire que, même dans ces conditions, il ne puisse jamais être hésitant ou qu'il sera toujours possible par lesimple « coup d'œil médical, » Le médecin se louera toujours d'avoir fait de son malade un examen minutieux et de ne jamais, ni diagnostiquer ni pronostiquer à la legère et comme d'intuition : en temps d'épidémie, l'examen, sans être inattentif, est souvent moins sévère. Le médecin, qui a tant de chances pour rencontrer la vérité en se prononçant pour la maladie régnante, exige, pour être convaincu, moins de netteté de la part des symptômes.

Le rash, quel qu'il soit, étant un compagnon, étant lui-même un symptôme de la variole, ne devra être entouré et ne se rencontrera qu'environné par les symptômes généraux habituels à la variole et non pas avec ceux de la *scarlatine*.

La langue n'a pas, sur les bords, la rougeur écarlate, ni l'état luisant et vernissé ; la desquamation de la muqueuse, d'abord limitée à la pointe, ne va pas s'étendre peu à peu. Dans la variole, au contraire, la langue est large, étalée, blanche et chargée d'une saburre épaisse et stratifiée sur toute son étendue.

Le pharynx et l'isthme du gosier sont enflammés et rouges ; l'angine peut être intense, mais on n'observera pas sur les amygdales les concrétions blanches ou grisâtres de l'angine scarlatineuse.

On ne tardera pas, au contraire, à découvrir dans la bouche, sur les lèvres, sur les gencives, aussi bien que sur le pharynx ou sur le voile du palais, des papules caractéristiques de la variole. Car, selon la remarque du professeur Lasègue, la pustulation des muqueuses, dans la variole, n'a pas de siège limité et d'autre part, elle a une évolution plus rapide, plus courte, sinon en avance sur l'érupti on cutanée

(Traité des angines,). Elle ne s'accompagne pas d'adénite.

D'ailleurs, le *rash scarlatinoïde* est le *seul*, qui puisse être confondu avec la scarlatine; or, il est presque toujours localisé aux aines ou commence par la peau du bassin ou des cuisses, contrairement à la scarlatine qui débute par le cou, le tronc et qui ne s'étend que successivement aux membres inférieurs. Il est vrai que l'on a observé des rash granités très étendus, presque généralisés. Mais dans ces cas, les poussées qui l'ont constitué auront amené une généralisation très rapide en deux ou trois jours au plus, et non pas en cinq ou six comme dans la scarlatine. Celle-ci, née sur les plis articulaires, envahit ordinairement la face; le rash l'évite; il apparaît le troisième ou le quatrième jour; la scarlatine n'a que vingt-quatre heures d'invasion, et l'éruption scarlatineuse généralisée dure sept jours avant de desquamer. Notons un phénomène très important : au moment où apparaît le rash, la température est déjà moindre; elle est, en tout cas, moins élevée que dans la scarlatine. Enfin, le rash scarlatinoïde a pu être précédé de rougeur morbilleuse, et, il est promptement suivi de la papulation variolique. Quant à la présence de l'albumine dans l'urine, elle n'est pas un argument péremptoire en faveur de la scarlatine; car, ce n'est pas à cette époque que se manifeste la glomérulite, et, d'autre part, la variole a pu aussi donner de l'albuminurie. Les rash scarlatiniformes sont plus ecchymotiques que l'éruption scarlatineuse, et ils ne se recouvrent pas comme elle d'une éruption miliaire vésiculeuse.

Le diagnostic ne pourrait être hésitant que lorsque la variole est presque foudroyante, comme l'on en voit quelques cas dans chaque épidémie; elle ressemble alors à une scarlatine très grave, car le malade meurt au moment du rash, avant que l'éruption variolique ait eu le temps de juger la question. Mais si, comme c'est très rare, le rash est généralisé, il y a des hémorrhagies, de la céphalalgie, de la dyspnée, des vomissements, de la rachialgie, et le diagnostic se fait plus par l'état général que par l'état local; car toutes les éruptions ne se rencontrent pas à la fois.

Si le rash s'efface à la pression du doigt, s'il est érythémateux, généralisé, on ne pourra supposer que la *rougeole*. Mais celle-ci a des prodromes très longs, et nous avons vu que le rash hyperémique était un phénomène des vingt-quatre ou quarante-huit premières heures; de plus, il est extrêmement fugace, alors que la rougeole boutonneuse, papuleuse ou non, se prolonge pendant plusieurs jours. L'éruption morbilleuse débute par le menton et le pourtour des lèvres, s'étend ensuite au cou et à la face où l'efflorescence morbilliforme fait défaut. Et avant l'éruption, la rougeole a été précédée par les trois catarrhes, par l'éternuement, la toux rauque, fébrine, par les râles sibilants et muqueux, par la diarrhée, par une fièvre moins intense et par une courbature moins profonde que la variole. On retrouvera au contraire les signes propres à la variole.

Le rash érysipélateux diffère de l'*érysipele vrai* par l'absence de bourrelet sur ses limites, par l'absence d'adénite et de phlyctènes, par une apparition moins rapide, par la présence de la rachialgie, par la moindre intensité de la douleur et de la chaleur, par *l'absence de délire*, et enfin par l'apparition des suffusions sanguines et des diverses manifestations de la variole hémorrhagique qui est la forme presque toujours annoncée par le rash érysipélateux. Nous n'avons pas observé *le rash ortié*. Dans le cas de Gubler ces plaques blanches au centre, rosées sur les bords, sont apparues au milieu des prodromes de la variole, à l'époque habituelle des rash hyperémiques et en ont tenu lieu. Cette angio-névrose est en rapport aussi avec l'état de souffrance des vaso-moteurs et les plaques irrégulières et surélevées sont en rapport avec l'extravasation d'une certaine quantité de sérosité et de leucocytés. Ceux-ci en comprimant les papilles nerveuses causent un prurit, moins intense cependant que celui de *l'urticaire* vraie, qui ne s'accompagne pas non plus de symptômes généraux aussi graves que la variole. Nous en dirons autant des rash *hyperémiques, érythémateux*, ou purpuroïdes. *Les érythèmes* ne présentent pas la fièvre, la céphalalgie, la rachialgie, les vomissements, la courbature de la variole. De même dans la *suette miliaire*, il n'y a qu'un phénomène commun, l'éruption : les douleurs lombaires de la variole sont remplacées par des douleurs présternales, avec constriction épigastrique, tendance aux lipothymies, des sueurs profuses à odeur forte, et la constipation par une diarrhée intense. Enfin c'est encore l'absence de fièvre intense, c'est la connaissance des antécédents sur lesquels nous ne saurions trop insister, qui permettront de distinguer les diverses *éruptions médicamenteuses* de l'iode, des eaux minérales, etc., et celles qui se montrent dans certaines affections générales, telles que le *rhumatisme*, le *choléra* le *puerpérisme* et la *diphthérie*, dont nous avons déjà parlé.

Nous ne citerons que pour mémoire la maladie que Gibert a décrite le premier et qu'il compara à une petite fièvre éruptive, le *pityriasis rosé*, la *roséole squameuse* de M. Fournier (Nicolas, thèse de Paris, 1880). Les squames, les poussées successives, l'évolution lente et progressive, la teinte jaunâtre des taches vieillies, leur durée de six semaines, la légèreté des phénomènes généraux constituent autant de signes distincts.

Quant aux *taches rosées lenticulaires, de la fièvre typhoïde*, même quand elles sont assez abondantes pour simuler une fièvre éruptive, comme nous en avons observé plusieurs cas l'année dernière, elles apparaissent bien plus lentement, vers le sixième ou septième jour au plus tôt et lorsque le ballonnement du ventre, le facies typhique, l'absence des signes propres à la variole et principalement de l'angine pustuleuse ne laissent plus de place au doute.

Nous verrons, lorsque nous traiterons de la période éruptive, qu'il y a lieu de faire le diagnostic différentiel *de la variole et de la syphilis*, lorsqu'au moment de la roséole secondaire, la vérole détermine une lassitude extrême et des mouvements fébriles, *qui peuvent être intenses et continus*. Le diagnostic ne se posera que bien rarement à propos des rash, dans le cas par exemple où la variole, ou bien une maladie aiguë, fébrile, surviendrait chez une personne atteinte actuellement de roséole. Les antécédents seront précieux à interroger; la persistance de la *syphilide ecthymateuse*, la fugacité du *rash hypérémique* élucideront la question.

De plus, en tant qu'éruption, la roséole syphilitique se distinguera de l'érythème prééruptif de la variole en ce que les taches sont bien plus nettes, plus papuleuses, plus distinctes les unes des autres, jamais coalescentes, moins étendues, avec des bords plus marqués et surtout plus réguliers. D'ailleurs, pour peu que l'on y prenne garde, on trouvera le chancre ou sa cicatrice parcheminée, le bubon, ce témoin posthume du chancre (Ricord), les croûtes dans les che-

veux, la chute de ceux-ci, l'adénite cervicale, les plaques amygdaliennes, opalines et érosives, tous phénomènes qui rendront l'erreur facile à éviter.

Supposons maintenant que nous ayons constaté la
fièvre intense qui marque le début de la variole, la
céphalalgie, la courbature, la rachialgie, le gonflement même de la face, qui est parfois assez précoce,
supposons en un mot, que nous soyons placés sur
un terrain certainement *invariolé*, nous aurons, dès
lors, bien des chances pour que l'efflorescence ou
l'érythème, dont nous remarquons la disposition ma-
culeuse, circinée, irrégulière, en corymbes, en disques,
en croissants, et autres dessins variés, ou bien cette
éruption granitée, pointillée, résistant à la pression du
doigt, soient des rash.

Bien que M. Gueneau de Mussy ait montré que ce
n'était pas là un fait absolu, ce n'en est pas moins la
règle, la grande règle de voir les rash se montrer
pendant la période d'invasion et avant toute éruption.

Il ne faudrait cependant pas décorer aveuglément
du nom de rash toutes les éruptions, toutes les taches,
tous les troubles de la circulation qui peuvent se
montrer sur la peau dans le cours ou au début d'une
variole.

D'abord, il peut y avoir des *éruptions préexistantes*,
l'acné, avec ses pustules, les érythèmes divers, la syphilis, avec ses macules et ses papules, peuvent parfois en imposer pour la variole proprement dite,
comme nous en rapporterons plus loin des cas, mais
non pour des rash. Ceux-ci, entr'autres signes distinctifs, ont des sièges de prédilection, se montrent
surtout aux aines, très rarement à la face, etc.

Ensuite, nous devons signaler les éruptions *occa-*

sionnelles, la variole faisant une sorte de rappel de
diathèse. Une fois la peau mise en travail, aucune
manifestation insolite ou bizarre ne doit surprendre.
Le fait cependant doit être rare. Nous ne avons vu
qu'un seul cas. Il s'est agi d'un eczéma aigu généralisé, facile à reconnaître par son siège au niveau des
plis articulaires, aisselles, jarrets, aines, coudes et au
niveau des régions post-auriculaires; par son suintement, son aspect luisant, lisse, puis sec et plissé;
et enfin, par les démangeaisons vives qu'il occasionne.
Or, nous avons déjà signalé l'indolence presque absolue des rash, leur développement à l'insu du malade
et leur évolution silencieuse.

La peau peut encore se couvrir d'éruptions occa-
sionnées par les symptômes eux mêmes; la fièvre, la
sueur amènent parfois des plaques congestives, des
sudamina, des exanthèmes sudoraux, dont la coloration, la saillie à la surface cutanée et les causes effi-
cientes suffisent pour les distinguer des rash.

Quant à ceux-ci ont paru, les phénomènes généraux
et la fièvre persistent, contrairement à ce qui se passe
pour certaines éruptions, qui, au milieu de mouvements fébriles, légers d'ailleurs, forment des taches
rouges, plus ou moins étendues, irrégulières et disséminées dans tout le corps, mais dont l'apparition
fait cesser tout le cortège symptomatologie, de telle
façon que l'éruption continue et constitue seule la
maladie ; nous voulons parler de l'eczéma rubrum,
des divers érythèmes, de la roséole saisonnière, qui,
en temps d'épidémie seulement, pourraient faire hésiter
momentanément le diagnostic et simuler le rash,
prodrome d'une variole discrète ou d'une varioloïde
légère. Mais ici encore il y a du prurit ou une localisation spéciale et différente, ou de la desquamation.

L'absence de ce phénomène terminal est le seul trait commun entre un rash vulgaire et l'urticaire. Nous n'insisterons donc pas et nous passerons immédiatement à l'examen des éruptions et des taches apparues à la surface cutanée, sous l'influence de l'état général, c'est-à-dire du purpura hémorrhagica dont notre maître, M. Rigal, a communiqué récemment une remarquable étude à la Société médicale des hôpitaux (1879).

La variole s'accompagne souvent de purpura hémorrhagica, comme toute maladie grave survenant chez un individu anémié, débilité, surmené ou alcoolique ou cardiaque, soumis en un mot à une cause quelconque de dépression, soit physique, soit morale, chagrins, émotions tristes, alimentation insuffisante, soldats en campagne, etc. C'est ainsi, par exemple, qu'à la fin du siège de 1870, presque toutes les varioles étaient purpuriques.

Les hémorrhagies se font soit autour des pustules, à leur base, soit dans l'intérieur même des pustules, dans les grandes cavités alvéolaires du corps muqueux, soit dans l'intervalle des pustules, dans le derme. Elles forment de petits points miliaires, ou des taches irrégulières, étoilées, déchiquetées, qui peuvent être absolument indépendantes des pustules. Le purpura peut accompagner des varioles très discrètes et même les varioloïdes les plus légères. Ce qui prouve bien que la discrasie particulière, en vertu de laquelle ce phénomène a lieu, est due, bien plutôt à la prédisposition individuelle qu'à l'action spéciale du virus. Nous en avons notamment observé un cas des plus nets chez un jeune homme de 25 ans, d'une constitution remarquablement robuste, atteint de variole très discrète. Dans le même moment, sa femme, âgée de 21 ans, mourait d'entérrorhagie, au 6ᵉ jour d'une variole de forme hémorrhagique, qui l'avait couverte d'une ecchymose sous-cutanée bleuâtre, presque généralisée. L'éruption, d'ailleurs fort irrégulière dans le volume et dans les dimensions des pustules, était aplatie, comme avortée et flétrie et affaissée. Ces deux êtres, subissant une même hygiène vicieuse, avaient contracté simultanément la variole. Leur mauvais état général, indépendamment de la forme d'infection, fit naître la complication purpurique, qui fut intense, même chez le mari. Cet homme robuste n'avait cependant qu'une variole très bénigne qui avait été, d'ailleurs, précédée d'un rash scarlatiniforme. Ce rash, très marqué et très facile à distinguer du purpura, disparut vers le 7ᵉ jour, alors qu'au contraire le purpura continua à s'accentuer par des taches de plus en plus larges, d'abord rouges, puis carminées, violacées et enfin bleuâtres et noirâtres. Ce purpura était généralisé, mais il était, comme toujours, beaucoup plus prononcé sur les membres inférieurs et particulièrement des genoux aux chevilles; le rash au contraire avait sa localisation inguinale habituelle.

Dans certains cas cependant, cette disposition aux hémorrhagies ne saurait être expliquée ni par l'état général, ni par une cause pathologique, ni par une influence dépressive quelconque. Faut-il alors invoquer une manière d'être spéciale de l'organisme qui se trouve d'emblée en état de *minoris resistentiæ* vis-à-vis du virus variolique? Celui-ci produisait alors dans la crase sanguine des désordres plus ou moins profonds, se trahissant par des hémorrhagies multiples, viscérales, ou sous-cutanées, musculaires, médullaires, etc., incoercibles, rapidement mortelles, bien qu'il n'y ait ni délire, ni asphyxie, ni fièvre plus forte, ni arrêt du cœur, ni septicémie, ni, en un mot, aucune des causes qui entraînent habituellement la mort dans la variole? Est-ce une question de fragilité constitutionnelle des parois vasculaires, de fibrination insuffisante congénitale, de *diathèse hémophilique* ? Ou bien, le virus variolique fait-il à lui seul, chez cet être particulièrement susceptible et par lequel il est doué d'une malignité exceptionnelle, absolument comme dans les cas d'absence totale de vaccination, tous les frais de la désorganisation qui n'est, chez les autres, que le fait d'une cause dépressive longtemps prolongée? Il est certain que des variations extrêmes doivent exister dans les états d'impressionnabilité, dans les dispositions à l'imprégnation des divers systèmes nerveux, par tel ou tel virus et par le virus variolique particulier. La thérapeutique nous offre journellement des exemples de ces intolérances individuelles, aussi impérieuses qu'inexplicables. Nous nous sommes permis cette digression sur la nature et les caractères du *purpura hémorrhagica*, sur ses degrés extrêmes, pour montrer l'immense distance qui sépare *ce phénomène accidentel d'une variole quelconque des diverses variétés du symptôme rash.*

Le rash en effet n'est pour rien dans le purpura; il le subit lui-même; et en effet, les rash, qui surviennent dans le cours d'une variole hémorrhagique, *sont eux-mêmes hémorrhagiques.* Dans cet événement fâcheux ils n'ont joué aucun rôle; ils sont *passifs* et tout au plus le médecin peut-il se servir d'eux comme d'une loupe grossissante qui permet de voir, un peu plus tôt *peut-être*, les tendances de la variole.

Quoi qu'il en soit, le purpura se reconnaîtra par la formation de larges ecchymoses sous-cutanées qui se montreront d'abord à la face et sous les paupières inférieures et par la coloration violacée, très brillante que prendront d'abord quelques pustules seulement, beaucoup plus développées que celles qui les entourent et qui occupent le plus souvent la peau des cuisses. Les pustules hématiques se multiplieront plus ou moins selon l'intensité de la maladie et des taches hémorrhagiques apparaîtront larges, irrégulières, d'un rouge vif, qui se décolore peu à peu. Les teintes de ces plaques, de ces suffusions sous-cutanées et intra-dermiques, de différents âges, donnent à la peau un aspect spécial, qui, dans les cas où elles sont nombreuses et prononcées, rendront toute confusion impossible. Elles sont plus marquées aux membres inférieurs, puis à la face; elles augmentent au fur et à mesure que la variole évolue; en un mot, *le purpura est une complication de la maladie dont le rash est un symptôme.*

Dans les varioles graves, et notamment dans les varioles confluentes, il y a souvent une *rougeur généralisée de la peau,* qu'il ne faut pas prendre pour un rash érythémateux, par exemple. D'abord cette rougeur débute par la face comme l'éruption variolique; ensuite l'état général, la bouffissure du visage, font voir que l'on a affaire à la congestion qui entoure la papule naissante et que cette rougeur généralisée n'est que l'indice du travail préparatoire et prémonitoire de l'éruption. Quand les papules sont discrètes, il ne vient à l'idée de personne de prendre pour un rash leur aréole rosée congestive, bien qu'elles s'étendent parfois assez loin autour de la papule. Mais quand les papules sont très serrées et trop jeunes encore pour paraître autrement que par une tache plus rouge au centre, les congestions péripapuleuses sont confluentes et semblent couvrir la peau d'une teinte uniforme et indépendante de toute éruption.

Mais il n'en est rien, d'ailleurs le doute n'est pas longtemps possible ; l'éruption d'abord marquée par une simple rougeur forme ensuite une petite élevure sensible au doigt, puis ne tarde pas à rendre la peau légèrement rugueuse et boutonneuse. *C'est à ce moment* que le diagnostic est parfois très délicat, non plus par rapport aux rash, mais par rapport à la *variole elle-même*, qui est alors très souvent prise *pour une rougeole*.

En tenant compte de tout ce qui précède, on reconnaîtra les rash toutes les fois qu'ils se présenteront, et, d'autre part, on éloignera l'idée d'un rash, dans tous les cas où toute autre affection se montrera ; ce sont là en effet les deux problèmes diagnostiques que soulève la question du rash.

Nous ne nous arrêterons plus ici sur le diagnostic des rash entre eux, non plus que sur celui de leur coexistence sur le même individu. Nous y avons suffisamment insisté quand nous en avons fait la description.

Le diagnostic des rash est important à établir parce que c'est parfois, en temps d'épidémies simultanées, le *seul moyen* de reconnaître rapidement et d'une façon certaine la variole.

Or, le diagnostic de la variole est capital : en ville où il permet d'isoler le plus tôt possible le malade contagieux et de préserver les autres membres de la famille ; à l'hôpital, où de nombreux malades sont rassemblés, où la contagion a, pour se répandre et pour multiplier ses victimes, tant de facilités. A Saint-Antoine particulièrement, les varioleux étaient installés dans les plus tristes conditions ; et, jamais nous n'avons pu obtenir l'installation d'une chambre d'attente où l'on pût mettre les malades douteux jusqu'à ce que la maladie se fut accentuée dans un sens ou dans l'autre. Le diagnostic rapide, sinon immédiat, était donc nécessaire et plus d'une fois, nous avons béni le rash qui venait dégager notre responsabilité. Il y avait, en même temps que la variole, une épidémie de fièvre typhoïde. Au début de la maladie, quand le sujet était abattu, prostré, fébrile, il était difficile de se prononcer, souvent l'examen des aines pouvait seul nous tirer d'embarras.

Autrefois, l'on était beaucoup moins bien fixé sur la valeur des rash, comme nous le prouvent les observations du Dr Latour (1842), celles qui se trouvent dans les thèses de MM. Hamel, Fauny (1870), etc. et dans un certain nombre de feuilles périodiques. Récemment encore malgré les travaux de Trousseau (Gaz. des Hôpitaux, 1860. Cliniq. de l'Hôtel-Dieu) des tentatives ont été faites pour dénaturer leur signification C'est ainsi que M. Barié (Société clinique, 26 juin 1879), malgré une observation attentive, a à notre avis méconnu les rash, dans plusieurs circonstances qu'il rapporte, et se montre de nouveau partisan de la contemporanéité des fièvres éruptives. MM. Rendu, Labadie, Lagrave et Bucquoy n'ont pas eu de peine à démontrer combien cette opinion était erronée et à rendre aux faits leur interprétation exacte.

Le diagnostic des rash est encore important à établir de bonne heure au point de vue de la thérapeutique. Si l'on est certain en effet de l'existence d'un rash, il est plus que probable que l'on se trouve en présence d'une variole. On ne fatiguera plus alors le malade par un vomitif ou un purgatif comme s'il avait un embarras gastrique fébrile, ou bien l'on ne traitera pas la variole, maladie à évolution cyclique et fatale, par le sulfate de quinine comme une fièvre quelconque.

Mais, nous dira-t-on, les cas typiques ne sont pas en question. Souvent il peut exister en même temps que la fièvre éruptive une bronchite ou une angine. C'est en bien en effet, comme l'a montré M. Besnier, que la variole atteint son chiffre le plus élevé; c'est le froid aussi qui donne les coryzas, les rhumes, etc. On peut bien alors songer à la variole mais s'il y a une éruption hygiénique ou scarlatinoïde, n'est-on pas en droit de songer à une variole compliquée d'une autre fièvre éruptive? D'autre part, la variole, comme toute autre maladie, peut présenter des symptômes insolites ou avortés et affecter une allure anormale. C'est vrai, mais si la symptomatologie est à ce point confuse, il n'y a pas plus de raison pour penser à une fièvre éruptive plutôt qu'à une autre et rien n'autorise à supposer leur simultanéité.

Enfin, si l'on est en temps d'épidémie, il est plus rationnel d'incliner vers la maladie régnante.

Nous devons ajouter que, sur les 393 cas de varioles auxquels il nous a été donné d'assister, le diagnostic a dû être laissé très rarement en suspens. Et ce n'était jamais quand il y avait *surabondance d'éruptions*, comme dans les cas de rash associés ou de rash et de variole, que l'embarras s'est montré; mais bien, quand il n'y en avait aucune et qu'il y avait *complète absence de symptômes objectifs*. Nous n'avons pas vu un seul cas où le rash n'ait été un guide sûr dans la recherche du problème : à quelle fièvre éruptive a-t-on affaire ? Or, c'est là la seule question qui se puisse poser, car il n'existe *pas un seul cas indiscutable*, dans lequel plusieurs fièvres éruptives se soient rencontrées plus ou moins longtemps, ou bien n'aient évolué simultanément chez le même individu.

Jusque vers le milieu du siècle dernier on a admis couramment la dégénérescence d'une fièvre éruptive quelconque en une autre. Maintenant qu'on a démontré l'immutabilité des virus, cette opinion n'a plus qu'un intérêt historique. Il en est de même de celle de la contemporanéité des fièvres éruptives, proclamée encore en 1847, par Rostan (Lancette), et soutenue par Faivre (1849), par Moreau (1854), par Legendre, par Alméras (1860), par Rilliet et Barthez et plus récemment par MM. Liesinger et de Monti (Schmidt's Jahrbücher, 1869) et par M. Barié (Soc. cliniq. 1879).

Pour Hunter (traduction de Richelot), il est hors de doute que deux fièvres différentes ne peuvent exister en même temps sur la même constitution.

Malgré les cas rapportés par Vogel, Machrid, Hoën, Hume et Roux, Trousseau n'est pas moins affirmatif et se plaint que la précision des observations laisse trop à désirer pour être contrôlée ou bien que les faits ont été manifestement mal appréciés.

Comme Rilliet et Barthez le font remarquer eux-mêmes, c'est surtout chez les enfants que ces faits ont été constatés : chez les enfants qui ont la peau si facilement irritable et si disposée aux efflorescences. Ce sont en effet presque toujours des rash, dont il est aisé de faire le diagnostic rétrospectif, auxquels on fait illusion dans les observations citées à l'appui de la compatibilité des fièvres éruptives (Passant, Gaz. des Hôp. 1860. Gaz. des Hôp. 1860, Thuillier, Barié, Courrier médical, 1880).

Il est bien entendu que, sont éliminés d'emblée de cette discussion tous les cas où l'organisme a été influencé par une inoculation artificielle quelconque de vaccine, de variole alors que, dans le même temps, il pouvait se trouver par sa propre manière d'être plus ou moins accessible à tout autre virus.

La pathologie générale nous enseigne qu'un même organisme ne peut spontanément se trouver, dans le même temps en état de réceptivité morbide multiple, ni faire simultanément les frais de plusieurs hospitalités de cette nature. Ce fait est contraire aux allures qu'il affectionne, aux lois qui le régissent et se trouve en opposition avec ce que nous voyons et savons des réactions vitales. Telle est en effet l'opinion de l'immense majorité des cliniciens contemporains et la doctrine de la simultanéité des fièvres éruptives ne s'est pas relevée de la condamnation dont Trousseau la frappait dès 1860 :

« J'avoue que je comprends peu comment des hommes graves, des médecins d'hôpital, peuvent tous les jours dire et imprimer que, dans ces cas, la variole a été compliquée de scarlatine... Ici, il n'y a pas plus de scarlatine qu'il n'y a de dothiénentérie, lorsque, dans le cours d'une pneumonie, d'une variole ou d'une scarlatine, on observe les symptômes typhoïdes. »

Si l'on repousse la coexistence chez un même malade de plusieurs fièvres éruptives, nées spontanément, on admet sans conteste leur *successibilité même excessivement rapprochée*. Les faits sont nombreux et concluants. L'un des plus remarquables et à la fois des plus anciens est celui où Lettron (Société de Londres, mémoires, t. IV, p. 288) rapporte l'histoire d'une famille composée du père, de la mère, de huit enfants et de trois domestiques. Tous les membres furent pris *alternativement* de rougeole et de scarlatine. Les deux éruptions se sont toujours remplacées de très près, mais sans jamais se compliquer mutuellement.

La revue de Hayem (juillet 1879, p. 218) contien un autre fait ds scarlatine suivie de très près par une variole.

IV. — *Séméiologie des rash.* — Les fièvres éruptives étant incompatibles entre elles, la présence du rash pendant la variole suffit à prouver qu'il n'est pas lui-même le fait d'une fièvre éruptive, greffée, surajoutée à la variole

Si le rash scarlatinoïde n'est pas plus la scarlatine que le rash morbilleux n'est la rougeole, qu'est-ce donc que le rash ?

Sur la nature des efflorescences, nous allons trouver bien des avis opposés, bien des opinions contradictoires.

Les anciens les appelaient des *maladies singulières* qu'ils n'expliquaient pas.

Ce sont les Anglais qui ont été frappés les premiers par ce phénomène, et ce sont eux qui s'en sont les plus occupés. Est-ce que chez eux, en vertu d'une influence de race, les rash seraient plus fréquents? Ou bien observaient-ils mieux, ou de meilleure heure, de façon que le rash, souvent si fugace, ne leur a pas échappé? Chez nous en effet les malades ne se font pas toujours soigner dès les premières heures de la maladie, et le rash, passé inaperçu pour eux, a disparu quand arrive le médecin. Certes, c'est là une cause qui fait croire le rash beaucoup plus rare qu'il n'est en réalité. Or, c'est en Angleterre qu'ont pris naissance les inoculations varioliques; tout malade inoculé était l'objet d'une attention toute particulière, le rash ne pouvait échapper à ces observations minutieuses. Enfin, l'on peut admettre que les rash soient plus fréquents dans les varioles inoculées que dans les maladies spontanées. C'est la manière de voir que défend M. Hamel, dans son excellente thèse sur les rash (p. 74). Nous croyons toutefois que, s'ils sont plus fréquents dans ces cas, c'est surtout parce qu'ils sont mieux remarqués.

Quoi qu'il en soit, ce sont les Anglais qui ont signalé et baptisé le rash, le *variolous rash*, la *rougeur varioleuse*, comme ils disaient. Mais d'une simple rougeur, ils ont fait une *entité morbide*, un érythème, compagnon fréquent et précurseur de la variole. C'est encore, nous l'avons vu, l'avis de M. Alméras, d'après lequel le rash précéderait tantôt la rougeole, tantôt la scarlatine, mais plus souvent la variole.

Nous ne ferons que rappeler la doctrine de M. Duclos pour lequel les rash sont des exanthèmes sudoraux, relevant, soit d'une cause vitale, soit d'une cause physique. Mais, d'une part, l'activité de la peau ne peut rien avoir de commun avec les rash; car, en admettant dans la variole une suractivité cutanée, celle-ci devrait se manifester par des produits sébacés, par de la sueur, etc.; mais non par des plaques congestives ou par des hémorrhagies interstitielles. Et, d'autre part, il faudrait que les rash ne fussent observés que dans les cas de sueurs extrêmes; or, il n'en est rien.

D'autres auteurs, déjà plus près de la vérité, ont vu dans le rash une manifestation de la variole. C'est, disent-ils, une éruption variolique de même nature que la principale, mais pressée, hâtée, surchauffée et par conséquent chétive et avortée; c'est une primeur, c'est un ballon d'essai pour l'éruption parfaite. Ou

bien encore, c'est une forme anormale de l'éruption
variolique. Et il n'est pas étonnant, ajoute-t-on, d'a-
bord que le rash annonce la variole, puisque c'est
déjà la variole; ensuite que le rash empêche l'éruption
de se produire à la place qu'il a occupée, puisqu'une
première éruption variolique s'est déjà faite à cette
même place douée désormais d'une sorte d'immunité régionale.

Cette théorie ne pourrait s'appliquer qu'au rash
scarlatiniforme. Mais, même dans cette forme, on ne
retrouve dans les petits piquetés qui la composent
aucun des traits de la papule variolique. De plus, s'il
en était ainsi, le rash ne se rencontrerait alors que
dans la variole, rien que dans la variole; il ne semble
pas en être toujours ainsi.

Comment expliquer alors l'apparition du rash,
quand elle a lieu postérieurement à l'éruption variolique, comme dans les cas de MM. Guéneau de Mussy,
Hamel, Sée, etc. ? Enfin, comment s'arranger de cette
seconde éruption qui est précisément beaucoup plus
plus abondante parfois au niveau du rash que sur les
autres régions?

D'autres auteurs avaient pensé que les rash étaient
des phénomènes purement locaux, qu'ils n'étaient
qu'un travail préparatoire indiquant toutes les angoisses de la peau en gestation de l'éruption. Cette
hypothèse n'est pas plus admissible que les précédentes; car il resterait à démontrer comment il se
fait que la peau se livre à un travail aussi intense
pour n'engendrer parfois que quelques pustules et
souvent pas du tout, comme nous l'avons vu.

D'autres enfin voient dans le rash un épiphénomène
de la variole, un symptôme engendré par l'intoxication variolique, au même titre que la rachialgie ou

que la pustule, un peu moins fréquent que ceux-ci, plus fréquent toutefois qu'on ne le croit généralement.

Nous partageons absolument cette opinion, et nous allons chercher à en bien faire ressortir toute l'exactitude.

D'abord le rash ne peut pas être une complication de la variole. En effet, toute complication, par cela même qu'elle est complication, est indépendante de la maladie à laquelle elle se trouve momentanément rattachée. Donc, bien que, dans un certain nombre de cas, elle se soit montrée, elle eût pu aussi bien ne pas apparaître, et cela arrive en effet dans la plupart des cas. Mais pourquoi le rash est-il si fréquent dans la variole inoculée, si le rash est aussi indépendant de la variole qu'on veut bien le dire ?

De plus, comme nous l'établirons plus loin, le rash n'est nullement une complication, et les cas dans lesquels il se rencontre sont aussi bien les plus légers que les plus graves. Et, dans ces derniers cas, la gravité est tout à fait indépendante du rash et se montre souvent sans qu'il y ait le moindre rash.

Enfin, ce n'est pas un accident, un épiphénomène bizarre, insolite, survenant dans la variole, puisqu'il est prévu, attendu et souvent désiré, et toujours recherché pour fixer le diagnostic de la variole. « Quelle est donc la complication, en nosologie, comme le demande très bien M. Hamel, qui fait diagnostiquer la maladie qui suivra? Nous n'en connaissons point ! »

Ce n'est donc ni une complication ni un état morbide accidentel, fortuit, surajouté et indépendant de la variole. C'est au contraire les relations intimes, qu'ils avaient remarquées entre cette efflorescence et la fièvre éruptive, que les observateurs ont voulu proclamer en ajoutant au rash le qualificatif de *variolous*.

tous ces caractères ne peuvent se rapporter qu'à un *symptôme* même de la maladie. Et, en effet, le rash n'est pas autre chose qu'un symptôme, ne peut pas être rationnellement autre chose qu'un symptôme et constitue même un des symptômes les plus nets de la variole.

« Voilà deux ou plusieurs individus, dit M. Hamel, couchés l'un près de l'autre et qui vont avoir tous, soit une variole, soit une varioloïde. L'un a des rash, les autres n'en ont pas. Et bien, sauf la présence de l'exanthème, ils sont dans les mêmes conditions, ils peuvent présenter les mêmes phénomènes généraux ; rien n'est changé dans le mode d'évolution, dans le processus morbide, les pustules se montrent chez l'un comme chez l'autre, le rash n'ajoute donc rien à l'état général. » C'est un épiphénomène, et tout simplement un signe de plus de la maladie.

C'est d'ailleurs ainsi que l'avaient déjà compris un certain nombre des observateurs expérimentés qui se sont occupés des inoculations, et qui ont, les premiers, tiré les rash de la confusion et du vague où ils étaient plongés. Nous résumerons ici l'observation de Brillonet, à laquelle nous avons déjà fait allusion ; c'est une des plus anciennes où la question ait été, grâce à Sutton, envisagée sous son véritable jour (Journal de médecine, 1873). — (Thèse de Hamel, p. 77).

« Le 6 avril 1783, j'inoculai, par la méthode des piqûres, les deux fils de M... et le fils de son domestique. Je leur fis à chacun 8 piqûres, 4 à chaque bras ; j'employai de l'humeur variolique fraîche. Le 3ᵉ jour de l'insertion, les *piqûres annonçaient* la petite vérole dans les 3 enfants. Le 7 et le 8, ils éprouvèrent également les symptômes de l'invasion. La douleur était vive aux aisselles, la courbature universelle, etc. Enfin le 9e jour, la fièvre éruptive survint, chez tous les trois, de la manière la plus favorable. Deux des sujets éprouvèrent la petite vérole la plus bénigne et la plus abondante par inoculation. Dès le 10 au matin, l'aîné, âgé de 5 ans, n'avait déjà plus de fièvre, et les symptômes locaux ne font plus de progrès. Le 11, il devint triste et accablé ; la fièvre se manifeste de nouveau avec force ; vers le soir, il est plongé dans une affection comateuse profonde. Convulsions. Le 12, mêmes symptômes ; à midi, je découvre trois boutons varioleux, un à la lèvre supérieure, un sur le sternum, le troisième au bras gauche ; il y avait aussi une douzaine d'autres boutons, au bras droit autour des piqûres, et celles-ci étaient peu enflammées.

« A ces marques, je reconnus l'existence de la petite vérole. Je me félicite, pensant que tous les symptômes fâcheux vont se dissiper par l'apparition d'une plus grande quantité de boutons. Je suis trompé dans mon attente ; les boutons ne font aucun progrès et les symptômes locaux ne se manifestent pas davantage. Le 13, à 5 heures du matin, le malade est complètement affecté de la rougeole, qui régnait alors ; je la reconnais aux taches rouges, plates, lenticulaires, hérissées, de petits boutons. Vers le soir, cette éruption est complète, les symptômes fâcheux diminuent ; la crise fut rapide, car le 15 au soir, au bout de 3 jours, la peau était presque de couleur naturelle et le malade était tranquille.

« Sa variole fut grave et suivit son cours habituel. Mais les deux autres enfants qui étaient traités dans le même appartement n'ont pas contracté cette extra-éruption, comme dit M. Hamel, quoiqu'ils n'eussent jamais eu la rougeole et qu'il soit constant que cette maladie est contagieuse. »

Sutton démontre alors que la rougeole en question n'est pas la rougeole, mais un rash qu'a développé l'intoxication variolique artificielle.

Déjà donc, à cette époque, pour certains auteurs du moins, l'idée d'une espèce nosologique distincte était repoussée. Il est vrai que depuis, et même tout récemment encore, cette manière de voir a été défendue. Pour notre part, nous la croyons tout à fait inadmissible.

Tout ce qui accompagne ou suit le rash appartient à la variole, n'est nullement sous la dépendance de l'exanthème, et nous ne saurions trop le répéter, tant est grande la conviction que nous ont donnée les faits que nous avons étudiés, l'exanthème lui-même, qui n'est pas plus une entité morbide qu'une complication, mais un signe de plus, un phénomène né directement de la variole, n'en est qu'un symptôme par conséquent.

C'est vainement que l'on viendra arguer de l'inconstance ou de la rareté de ce symptôme. Quel est donc le clinicien qui a vu une maladie être toujours accompagnée de son cortège symptomatalogique complet? La diarrhée, les taches lenticulaires, ne font-elles jamais défaut dans la fièvre typhoïde, où l'aspect typhique même a pu manquer, comme le râle crépitant dans la pneumonie? Il n'est pas fréquent au contraire que la clinique réalise le type créé par la pathologie. Et dans la variole elle-même, ne voit-on pas souvent manquer les symptômes les plus irrécusables : rachialgie, vomissements, fièvre de suppuration, etc. (Songera-t-on pour cela à les rayer du nombre des signes de la variole.)

Mais, comme nous nous sommes attaché à le signaler, la rareté de ce symptôme n'est que prétendue.

Sur 400 malades, nous n'avons, il est vrai, noté que 44 rash ; mais sur ces 400 malades, nous n'en avons pas observé plus de 60 à 80 dès les premiers jours de la maladie. Le rash, fugace et précoce pouvait fort bien déjà avoir paru et disparu.

Lorsque nous avons tenté la description des rash, nous avons vu comment ce symptôme se comportait, à quelle époque il se montrait, *précédant, dans l'immense majorité des cas, l'éruption variolique.* Il est donc bien le résultat de l'action toxique exercée sur l'organisme par le virus variolique ; il est le précurseur de l'éruption, et mérite donc bien le nom *d'efflorescence prééruptive,* ce qu'on peut résumer en adoptant définitivement le mot *rash* pour désigner l'exanthème prodromique de la variole.

Un certain nombre d'auteurs, en effet, ont décrit des exanthèmes à la suite de diverses intoxications, médicamenteuses, puerpérales (Guéniot, 1860), et autres. Mais, aucune éruption n'étant le fait de ces variétés d'intoxication, le mot rash ne serait plus aussi bien à sa place dans ces cas pour lesquels les dénominations, moins nettement déterminés, d'exanthème ou d'efflorescence, pourraient au contraire mieux convenir.

Nous avons vu aussi que les rash ont, avec l'éruption, d'autres rapports que celui de la précéder : tantôt ils la suppriment dans toute la région qu'ils ont occupée ; tantôt ils la provoquent et la stimulent. Les premiers observateurs avaient été très frappés de voir ainsi le rash tantôt combattre l'éruption, tantôt la prendre pour alliée. Ces irrégularités d'allures n'avaient pas peu contribué à faire croire à l'entité morbide de ces exanthèmes, et c'est en effet un des meilleurs arguments des partisans de l'indépendance des rash.

Il y a quelques années, notre regretté compatriote, le Pr Gubler insistait encore sur ce fait, que l'éruption pustuleuse n'occupait jamais les points où le rash s'était montré; il n'est évidemment question ici que de la variété granitée et pointillée. Il s'est demandé alors si ce n'était pas la légère hémorrhagie interstitielle, caractéristique du rash scarlatinoïde, qui constituait l'obstacle à l'éclosion pustuleuse. Cette réflexion est pour M. Hamel le point de départ d'une considération thérapeutique, qui n'a pas été réalisée, pas du moins que nous sachions, mais qu'il est bon de rappeler. Ne pourrait-on pas espérer obtenir l'avortement des pustules au début par une piqûre qui déterminerait l'issue de quelques gouttelettes de sang, c'est-à-dire par la création d'une petite hémorrhagie analogue à celle du rash ?

Nous rechercherons plus loin si cet antagonisme ne résulte pas d'une disposition constante, c'est-à-dire si les caprices apparents du rash vis-à-vis de l'éruption n'obéissent pas à une règle quelconque.

Nous dirons seulement ici que le rash ne retarde pas l'éruption ou ne la fait pas avorter, à la manière d'une fièvre éruptive qui évoluerait concur remmen avec la variole et qui gênerait sa marche, ainsi qu'on peut s'en rendre compte dans les cas où la rougeole s'est montrée, chez un même sujet, en même temps qu'une *variole inoculée*. Selon les cas, il l'empêche totalement, ou bien il l'excite vivement.

Le rash n'est pas un simple caprice circulatoire ou nerveux de la peau; il n'est pas qu'une congestion préparatoire à disposition indifférente ; il a une forme, un siége spéciaux, il se montre surtout dans la variole et même dans ses variétés diverses, se ressemble assez à lui-même pour être bien reconnu.

Les rash sont donc bien des symptômes de la variole, au même titre que les vomissements et la rachialgie; mais ils ne se présentent pas fatalement dans toutes les varioles. Leur fréquence varie même selon les épidémies : M. Ferrand n'en a constaté aucun exemple sur 45 varioleux. M. Briquet n'en a observé que 12 sur 504 cas. M. Quinquaud conclut à une moyenne de 14 rash pour 100 varioles. M. Huchard en rapporte 38 cas, mais sans nous dire sur combien de cas de variole (Legroux). Quant à nous, sur 393 cas de variole, nous avons vu 44 cas de rash. Leur apparition s'est faite en général à la fin du 3ᵉ jour, mais elle a pu s'échelonner du 2ᵉ au 5ᵉ, sans qu'il nous ait paru possible de tirer de cette avance ou de ce retard, un élément quelconque de pronostic.

Mais, du moins, le *symptôme rash est-il pathognomonique?* c'est-à-dire ne se montre-t-il que dans la variole?

Nous avons déjà dit que nous ne l'avions jamais observé dans aucune autre maladie; d'après ce que nous avons vu, le rash, et surtout le *rash inguinal serait pathognomonique*, car il nous a permis de toujours diagnostiquer sans erreur la variole. Nous avons déjà cité le cas où Trousseau affirma la variole, dans un cas douteux, en ne s'appuyant que sur l'existence de l'exanthème.

Nous devons cependant faire des réserves. Le *rash n'est pas pathognomonique dans le sens absolu du mot,* puisqu'il a pu se rencontrer, de même d'ailleurs que la rachialgie, dans d'autres maladies que dans la variole.

Dans la *Gazette médicale* (1832, p. 584), Duplay rapporte des observations d'exanthèmes et de roséole survenant pendant la période de réaction dans le choléra. Il joint à son mémoire des observations où Cullerier signale des faits analogues.

Le recueil de la Société médicale des hôpitaux (1858) contient l'observation d'une éruption scarlatiniforme survenue dans le croup, chez des enfants à l'hôpital. M. Marotte cite pareils cas observés en ville où n'existaient pas les mêmes raisons nosocomiales. Une discussion s'engage entre M. Sée qui considère ces phénomènes, alors peu connus, non comme des fièvres éruptives, marchant concurremment avec la diphthérie, mais comme des manifestations cutanées qui seraient le pendant de celles qu'on rencontre dans diverses maladies toxiques. Certains membres de la Société protestèrent, à tort croyons-nous, contre cette interprétation, crurent à des *scarlatines méconnues* et virent là des cas de fièvres éruptives compliquées et terminées par la diphthérie. Cette manière de voir peut être admise pour un certain nombre de cas. En effet, M. Sée trouvait un rash sur quatre cas de diphthérie, ce qui est évidemment excessif. Dans d'autres cas cependant, le rash diphthérique paraît incontestable. Dans l'un, on a pu constater, six mois après ce rash scarlatiniforme diphthéritique, l'apparition d'une véritable scarlatine. Inversement, chez un malade atteint de diphthérie survenant au 10e jour d'une rougeole, fut observée, le jour même de la formation des fausses membranes, une éruption morbilliforme très accentuée.

M. Sanné (p. 138, Traité de la diphthérie) rapporte en tout une cinquantaine d'observations de rash dont les plus fréquents sont de beaucoup les types scarlaliniformes, puis le morbilliforme et l'érythémateux, soit généralisé, soit localisé. Ils ont débuté du 1er au 7e jour et n'ont jamais duré plus d'un jour ou deux, sans avoir été annoncés par des symptômes généraux sans prurit, sans tuméfaction, sans aucun phénomène local.

Ils ont donc présenté tous les caractères que nous avons signalés pour être ceux des rash varioliques. Ces rash diphthéritiques, pas plus d'ailleurs que les rash varioliques, n'ont en rien modifié l'évolution du processus morbide. Ils sont donc en tous points comparables aux exanthèmes prééruptifs de la variole. Mais, comme ici, il n'y a pas d'éruption à attendre, nous avons proposé de les désigner sous le nom d'exanthèmes et de garder exclusivement la dénomination de rash pour les efflorescences *prééruptives* de la variole.

Dans la diphthérie, ces exanthèmes ne sont pas d'ailleurs, comme le dit M. Sanné, de véritables manifestations cutanées de la maladie. En effet, ils se rencontrent, avec les mêmes caractères, dans un certain nombre d'états morbides toxiques. Ils ne sont donc pas l'expression d'une maladie plutôt que d'une autre mais un symptôme commun par lequel l'organisme trahit la souffrance qu'il ressent de toute contamination.

M. Lailler (Société médic. des hôp., 1869) signale un cas d'efflorescence vaccinale, et M. Archambaut (Société clinique, 1879) en rapporte un autre cas survenu dans la varicelle.

Nous devions donc nous attendre à rencontrer des efflorescences cutanées analogues dans toutes les autres intoxications d'origine soit organique, soit inorganique. Nous les trouvons, en effet, signalées à la suite d'empoisonnements ou de saturations par divers médicaments tels que l'opium, la belladone, le datura le mercure, etc., ainsi qu'en font amplement foi les observations de Baron, Nonat, Briquet, celles des thèses de MM. Guérard et Alméras, et celles plus récentes qui mentionnent des intoxications par l'acide phénique et par l'hydrate de chloral. Cette année même, dans le service du professeur Fournier, nous avons assisté à deux cas intéressants de *rash scarlati-noïdes généralisés* et fébriles, consécutifs à une friction hydrargyrique partielle.

C'est donc bien, nous ne cessons de le répéter tant notre conviction est profonde, une expression réactionnelle de l'organisme en face d'une infection quelconque. Bien plus, il n'estpeut-être pas même besoin, pour amener cette plainte du système nerveux, d'un agent toxique soit organisé, soit inorganique.

Peut-être n'est-il nécessaire, pour la production d'une efflorescence, que d'imprimer au système nerveux une secousse violente, qui l'atteigne, même d'une façon très passagère, mais jusque dans ses profondeurs. C'est ce que prouve l'observation d'*érythème électrique*, que le professeur Charcot a consignée dans les bulletins de la Société de biologie (1858).

La foudre, qui produit le purpura instantané, pourrait avoir des effets analogues et, si l'on étudiait bien à ce point de vue les effets sur l'organisme des émotions vives, des secousses morales violentes et soudaines, peut-être trouverait-on plus d'un cas d'efflorescence ou d'exanthème n'ayant pas d'autre cause qu'un chagrin, une colère ou une frayeur. Nous parlons des efflorescences de la roséole émotive et non du purpura.

En résumé, les exanthèmes peuvent résulter d'un

certain nombre d'intoxications, et se présenter dans des états pathologiques très divers. Mais l'on peut dire que c'est dans la variole qu'ils sont le plus fréquents et le plus caractérisés. *Aussi, à la vue d'un rash, la première idée qui se présentera à l'esprit sera le diagnostic de la variole.*

D'après Bateman, qui a fait le premier cette remarque, d'après Pearson, les rash seraient encore beaucoup plus fréquents dans la variole inoculée que dans la variole spontanée. C'est peut-être de ce fait qu'on avait conclu que le rash ne se montre que dans les cas légers.

Nous n'avons pas observé de *variole fruste*, nous n'avons pas vu cette maladie se manifester uniquement par un rash. Voici à ce sujet ce que nous trouvons dans la thèse de M. Hamel, p. 72 : « Nous rappellerons ici que le rash peut être la seule manifestation cutanée de la variole, comme l'admet, avec observations à l'appui, Dimsdale (traduction de Fouquet). En temps d'épidémie de variole, M. Quinquaud a vu à l'hôpital Saint-Antoine des malades qui, ayant offert la plupart des prodromes varioliques, présentèrent finalement un érythème rubéolique. Ces efflorescences disparurent sans desquamation, en quelques jours, sans qu'il parût aucune autre papule et sans aucun phénomène ni de rougeole ni de scarlatine. » Ces cas doivent n'être admis qu'avec la plus extrême réserve en tant que cas de variole.

Fouquet, cité par Legroux, rapporte un cas d'efflorescence érysipélateuse, consécutive à une inoculation varilique. Des cas semblables se sont montrés dans la variole spontanée. Mais celui de Hérard ne nous semble nullement concluant; c'est un cas de variole hémorrhagique. MM. Quinquaud, Huchard, etc., ont observé des cas de rash scarlatiniformes légers ayant persisté pendant cinq ou six jours avec tous les symptômes généraux de la variole (céph. rach. vom., etc.), mais sans éruption pustuleuse. Il y a probablement là, dit M. Legroux (Dict. Dech., p. 360), des varioles avortées ou tellement discrètes qu'elles passent inaperçues en raison du nombre très restreint des pustules. M. Gueneau de Mussy a vu des varioles qui n'étaient manifestées que par *deux ou trois* pustules réparties sur la peau et le voile du palais. Nous reviendrons plus loin sur ces varioles sans éruption.

Nous avons examiné la grande valeur diagnostique des rash, nous avons passé en revue les quelques considérations thérapeutiques (expectation, bains, isolement) auxquelles ces exanthèmes ont pu donner lieu; il ne nous reste plus pour terminer cet exposé sémiologique qu'à examiner l'*importance pronostique* des efflorescences prééruptives. Ici encore nous allons trouver bien des désaccords, même dans les opinions les plus récentes et émises par les voix les plus autorisées. Disons immédiatement que, *pour nous, la valeur pronostique du rash est nulle.* Voila une variole ; il y a un rash, il nous est impossible d'affirmer un pronostic quelconque par ce fait seul. Nous avons vu de nombreux cas, en apparence analogues, avoir la marche et l'issue les plus opposées, et c'est l'expérience qui nous dicte cette réserve. Selon que le rash est partiel ou très étendu, rose, mûricolore ou couleur homard, de simples probabilités pourront s'établir, et encore seront-elles plus d'une fois démenties par l'évènement, à moins que, pour les établir, on n'ait eu recours aux divers éléments pronostics concomitants au purpura, par exemple, et non plus au symptôme rash isolé.

Le siège, l'étendue, la durée, la coloration plus ou moins intense, l'aspect plus ou moins framboisé, ne peuvent, par eux-mêmes, donner aucun élément certain de pronostic.

Au dire de très nombreux observateurs, toutes ces variétés se rencontrent dans les cas mortels comme dans les cas les plus légers. D'ailleurs nous avons vu que la rachialgie, qui est pourtant un symptôme bien remarquable de la variole, n'a guère plus de valeur pronostique que le rash. Mais il ne faut pas demander aux choses plus qu'elles ne peuvent donner. Ce sont des symptômes ; ils servent au diagnostic mais non au pronostic.

Les rash subissent d'ailleurs toutes les modifications de la variole dont ils dépendent ; ils seront purpuriques, pétéchiaux et ecchymotiques si la variole est hémorrhagique. On sait combien, dans ces cas, le pronostic est grave ; mais ce n'est pas le rash qui crée cette gravité ni qui impose cette conclusion.

Après avoir vu un grand nombre de rash, voici tout ce que nous pouvons dire : *Nous les avons observés dans un grand nombre de cas mortels et dans un plus grand nombre de cas bénins. Mais c'est que, grâce à la découverte de Jenner, il y a maintenant beaucoup plus de varioles bénignes que de varioles mortelles.*

M. Sée, en 1858, croyait, à propos des rash dans la diphthérie, à un pronostic favorable. M. Sanné pense qu'il s'en faut beaucoup qu'il en soit toujours ainsi : « D'une innocuité complète par eux-mêmes, ces exanthèmes accompagnent bon nombre de cas graves, et leur nombre serait beaucoup plus considérable, si la maladie ne marchait souvent avec une rapidité qui ne leur laisse pas le temps de se produire. On se rapprocherait davantage de la vérité en ne leur accor-

dant *qu'une valeur très restreinte à ce point de vue.* »
(Sanné, p. 139.)

A propos de ces efflorescences extra-varioliques, la conclusion est donc identique à celle que nos observations nous ont permis de formuler pour les rash proprement dits.

Nous avons déjà signalé l'observation d'Isambert qui, en 1869, soulève une discussion à laquelle prennent part MM. Chauffard, Siredey, Labbé, Gubler, etc. (Soc. méd. des hôp. juillet 1869.) La savante Société est dans le plus complet désaccord à propos du pronostic des rash. Pour certains membres, l'apparition du rash est d'un bon augure; pour d'autres, c'est un symptôme très grave et qui présage une issue rapidement fâcheuse. Gubler, avec Trousseau, accorde aux rash un caractère de grande bénignité. Quant à Chauffard, qui voulait les englober dans la variole hémorrhagique, il n'est pas étonnant qu'il les considérât comme très graves.

L'année suivante (24 juin 1870), l'accord n'est pas encore fait sur la question.

M. Marotte, avec Morton et Sydenham, en fait le cachet des varioles graves et anomales. M. Bourdon considère comme le plus grave le rash généralisé. A cette assertion singulière, M. Hérard répond qu'il a vu un rash morbilliforme — le plus bénin de tous — qui était extrêment étendu et auquel succédèrent seulement quelques pustules bientôt guéries.

Pour M. Raynaud, le pronostic repose tout entier sur l'époque d'apparition des rash ; il est bénin si le rash se montre de bonne heure ; il est fâcheux si le rash est tardif.

Nos observations nous portent à des conclusions contraires et nous ont montré que l'époque de l'apparition du rash était indifférente pour l'issue de la maladie. Faisons cependant une réserve pour ces rash anomaux, signalés par MM. Sée et Desnos, et qui, apparus seulement après l'éruption, ont été suivis d'accidents typhoïdes et de mort.

Nos observations nous font encore considérer comme une grosse erreur l'allégation de M. Raynaud, qui regarde comme un signe particulièrement grave la combinaison des deux rashs hyperémique et hémorrhagique. Nous avons vu plusieurs cas d'association et de rencontre des rash et nous avons été absolument frappé de la discrétion de l'éruption dans ces cas.

M. Besnier nous semble se rapprocher beaucoup plus de la vérité quand il nous apprend qu'il a vu les rash hémorrhagiques liés souvent à des varioles sans gravité, mais que ces rash sont loin de n'accompagner que les varioles légères (p. 249).

Nous n'avons pas vu de *rash morbilliformes* suivis de variole mortelle. Cependant nous sommes convaincu que ce n'est pas non plus un signe de bénignité certaine. M. Desnos d'ailleurs a vu plusieurs cas de mort survenir dans ces conditions (Soc. méd. des hôp., p. 29, 1870).

Gubler a vu deux *rash ortiés* se terminer par la guérison ; nous avons observé aussi leur bénignité. Nous pensons au contraire que le *rash érysipélateux* est d'une gravité exceptionnelle ; c'était l'avis de Sydenham, qui considérait comme mortelle toute variole érysipélateuse. Nous n'en avons vu qu'un cas chez une malade dont nous rapportons l'observation et qui a succombé à une *variole hémorrhagique*.

5° *De la pathogénie des rash.* — Les rash, étant le fait de congestion ou d'hémorrhagie, ne peuvent s'effectuer que dans les points vascularisés; ils auront donc lieu dans la portion la plus superficielle du derme, mais non pas dans l'épiderme. On en trouve une autre preuve dans ce fait qu'il n'y a jamais de desquamation à la suite des rash.

Certains auteurs notent bien quelques rares et fines vésiculations apparues quelquefois à leur surface. Nous n'en avons pas observé; en tous cas, ne pourrait-on pas les expliquer par une légère inflammation consécutive au traumatisme qu'un rash trop impétueux aurait pu produire dans les tissus sous-jacents. Mais la règle, que nous nous croyons en droit de proclamer, est l'absence de toute desquamation, ce qui prouve bien que, contrairement à ce qui se passe dans le purpura ordinaire, les cellules épidermiques ne sont pas soulevées par des exsudats sanguins ou inflammatoires et que leur communication n'est nullement interrompue avec les points par où les cellules malpighiennes tirent leurs éléments de nutrition.

On peut d'ailleurs s'en convaincre encore, soit par le grattage, soit par le procédé de M. le Dr Hillairet pour étudier le purpura. Au moyen d'un vésicatoire instantané, ammoniacal, par exemple, si l'on vient à enlever les couches de l'épiderme, on ne découvrira, à la surface du corps papillaire ainsi mis à nu, aucun caillot sanguin et à peine quelques globules de sang extravasés. Le pointillé hémorrhagique du rash n'a d'ailleurs aucune tendance à s'étendre en forme d'ecchymose ni à se transformer en suffusion sanguine,

Le rash a donc une existence tout à fait distincte du purpura et des varioles hémorrhagiques qui ont aussi une issue absolument différente et bien autrement grave. Les suffusions sanguines de la peau, dans les varioles hémorrhagiques, se développent d'une manière tout à fait différente et s'accompagnent d'hémorrhagies multiples, soit dans les viscères, soit les muscles, soit sous le périoste, soit dans le tissu cellulaire où se forment des ecchymoses et des taches pétéchiales plus ou moins étendues. Ces suffusions subissent une résorption graduelle, passent par les teintes variées du véritable épanchement sanguin, puis restent noires pendant un temps plus ou moins long; en tout cas, loin de s'atténuer, elles se multiplient et s'accentuent lorsque la prostration se produit et au fur et à mesure que la maladie avance.

Remarquons ensuite que l'état général n'offre rien de grave, que la terminaison est très souvent favorable, contrairement à ce qui arrive dans ces terribles formes hémorrhagiques auxquelles Chauffard voulait assimiler les rash, et dans lesquelles les taches ecchymotiques sont l'expression d'une *intoxication générale*, d'un pronostic inexorablement fatal, et non plus le résultat d'une hyperémie *toute locale*, même quand elle est extrêmement intense. Le rash, dans les varioles hémorrhagiques, devient lui-même tout à fait hémorrhagique et presque noir, se couvre d'épanchements, puis de caillots sanguins, de façon à constituer le rash *pourpré*, *purpurique* ou *pétéchial* des auteurs. Le rash en effet, quelle que soit sa variété, subit toutes les modifications et prend tous les caractères de la variole dont il dépend. S'il revêt le cachet hémorrhagique, comme dans ces derniers cas, c'est qu'il est survenu dans le cours d'une variole hémorrhagique, dont les autres symptômes peuvent aussi fare pressentir la malignité spéciale. On ne peut pas l'accuser d'une gravité qu'il subit lui-même ni d'une complication vis-à-vis de laquelle il se comporte passivement. Grande est donc la distance qui sépare les phénomènes constituants des rash et la forme hémorrhagique de la variole, ainsi que le faisaient remarquer avec tant de raison Gubler, Isambert, M. Labbé, etc.

Dans sa forme morbilleuse, érythémateuse, rubéoleuse, etc., et dans toutes ses variétés éphémères, le rash n'est absolument constitué que par la dilatation et la congestion des vaisseaux superficiels de la peau. Cette congestion sous-épidermique a lieu presqu'en même temps que se produisent, par le fait du variose, les modifications moléculaires et nutritives du système nerveux, qui donnent naissance à la céphalalgie, à la rachialgie et aux autres symptômes habituels de la variole.

Le rash morbilleux a tous les caractères d'une simple congestion cutanée : il est soudain, il est rose, sans saillie, il est capricieux de formes et d'allures et disparaît presque aussi brusquement qu'il est venu et sans laisser aucune trace. La congestion peut être généralisée à toute la peau ou affecter seulement certaines parcelles cutanées, sans ordre, sans qu'aucune disposition méthodique préside à l'hyperémie cutanéo, absolument comme se comporte la congestion dans n'importe quel autre organe; elle forme à la peau des dessins variés, des segments de cercle, des disques, qui ne répondent à aucune disposition anatomique connue soit nerveuse, soit vasculaire. Tous ces caractères sont bien ceux d'une poussée congestive, survenant sous l'influence d'une innervation troublée, ne pouvant plus gouverner, ni faire sentir sa direction d'une façon sûre, ferme, égale, uniforme, aux départements vascu'aires périphériques, si nombreux et si éloignés. De là, ces points hypérémiés de la peau à côté d'intervalles sains ou de plaques où peut-être la circulation est troublée en sens inverse.

C'est d'ailleurs la forme de beaucoup de manifestations morbides superficielles et vasculaires de la peau : les roséoles, l'urticaire, les érythèmes, la roséole pudique même, sont ainsi plus ou moins circulairement maculeuses et tochetées, sans qu'une disposition anatomique encore connue des réseaux vasculaires ou nerveux puisse nous rendre compte des caprices des dessins. Personne cependant ne prétendra que le système nerveux ne joue aucun rôle dans la production de ces phénomènes, dont un certain nombre sont manifestement sous sa dépendance, comme la roséole pudique, et dont une autre partie est désignée sous le nom d'*angio-névroses*. Tout ce que l'on peut dire actuellement, c'est que ce sont des modes au moyen desquels la peau traduit les perturbations qui peuvent survenir sous une influence soit locale, soit générale, dans son innervation et dans sa circulation.

Toutes les perturbations cutanées se traduisent avec une pareille irrégularité. Qu'est-ce qui préside à la disposition de la roséole, de l'urticaire, de l'érythème noueux, du pityriasis rosé non parasitaire, etc.? Le réseau circulatoire n'est-il pas pourtant continu? Les ramifications capillaires ne communiquent-elles pas, en tous sens, les unes avec les autres? Les extrémités nerveuses ne sont-elles pas répandues à toute la surface des téguments?

Seulement, dans ces cas, la lésion est locale et se passe dans les points même dont l'aspect est devenu anormal, tandis que les perturbations que nous étudions relèvent de lésions lointaines, profondes, centrales.

Ce fait est du même ordre que celui qui a donné lieu à la division des paralysies en paralysies d'origine périphérique, par lésions des nerfs ou des extrémités nerveuses, et en paralysies d'origine centrale, par lésion, non plus des organes de transmission et de terminaison, mais par altération des centres eux-mêmes, par lésion des racines ou des noyaux.

Ici, en effet, c'est le système nerveux central, *c'est la moelle surtout*, qui sont malades, intoxiqués, et dont par conséquent le pouvoir normal est diminué, le fonctionnement rendu plus pénible, plus incertain, et dont les fonctions sont moins bien accomplies, en proportion de la grandeur des difficultés accumulées et de la diminution de puissance. — Supposons cette puissance plus abolie encore et l'infection plus profonde, les effets étant toujours proportionnels aux dégâts commis sur la substance nerveuse, les troubles seront encore plus accentués : la congestion, au lieu d'être disséminée et localisée à des plaques séparées par des intervalles étendus où le fonctionnement normal a pu persister, la congestion deviendra plus complète, et se généralisera. — Le rash ne sera pas seulement rubéolique, roséolique, ortié, il sera répandu sur toute la surface cutanée, il se généralisera, occupera le tronc, les membres, les mains même, jamais la face, mais surtout les flancs et la ceinture et deviendra hyperémique, morbilleux généralisé, érythémateux et érysipélateux.

Supposons encore un degré de plus dans l'intoxication, supposons le système nerveux encore plus atteint, plus déprimé, plus sidéré, au lieu d'une simple congestion nous aurons le pointillé, le piqueté, le granité, hémorrhagiques, du rash scarlatinoïde.

Nous sommes parfaitement convaincu que le rash scarlatineux est le symptôme d'une atteinte plus profonde du système nerveux que celle dont le rash morbilleux est l'expression ; et nous admettons qu'ils répondent à deux ordres de lésions différentes, l'une étant d'un degré plus prononcé que l'autre. Cependant il ne faudrait pas induire de ces propositions que le rash est le baromètre d'une intoxication. Beaucoup de varioles mortelles évoluent sans présenter jamais de rash ; beaucoup plus de bénignes se passent sans qu'on n'observe la moindre efflorescence cutanée, de même qu'un certain nombre de varioles graves se montrent sans rachialgie, alors que des cas nombreux ont été, bien que fort légers, accompagnés de rachialgie d'une intensité extrême. *Chaque varioleux se comporte à sa manière ;* il en est de la variole comme de toute autre espèce morbide, et chaque système nerveux a contre la variole son mode réactionnel particulier.

Dans la production des rash et des diverses lésions auxquelles chaque variété répond, il est absolument nécessaire de tenir compte des idiosyncrasies et des individualités : les unes restant passives et presque inertes, les autres se montrant d'une excitabilité exquise et capables d'une riposte extrêmement vive à l'agression virulente. Et s'il ne s'agit pas ici de l'action isolée du virus variolique, il y a lieu d'apprécier de la même façon l'avarie infligée à l'organisme par tous les agents toxiques, organiques ou non, et par tous les éléments capables de provoquer un ébranlement *profond et subit* du système nerveux. Et en effet, toutes les intoxications peuvent se traduire sur la peau par une manifestation analogue au rash, c'est-à dire à *la perturbation cutanée spéciale au variose*, mais à une condition indispensable, c'est que l'intoxication soit aiguë, soudaine, et vienne surprendre pour ainsi dire les centres nerveux. Le puerpérisme, le choléra, les intoxications médicamenteuses, la diphthérie, etc., peuvent pour une raison analogue s'accompagner et s'accompagnent, en effet, de symptômes cutanés comparables aux rash et exprimant comme ceux-ci la part que prend l'innervation cutanée à l'intoxication générale.

Nous avons insisté sur la condition de soudaineté de l'intoxication. Nous croyons en effet que, pour que le système nerveux réponde à une infection par un rash, ou par un purpura, ou par une hyperémie, il faut qu'elle lui ait imprimé une secousse brusque, subite, inattendue, qui provoque une réaction vive, rapide, passagère aussi. C'est une sidération instantanée à laquelle correspond une expression symptomatologique fugitive.

Mais, nous dira-t-on, s'il en est ainsi, si la variole et ses symptômes, et le rash par conséquent, dépendent d'une perturbation du système nerveux, pourquoi n'y a-t-il pas de rash chaque fois qu'il y a perturbation nerveuse, chaque fois qu'il y a fièvre par exemple ? C'est qu'il faut précisément pour cela l'action spécialement perturbatrice du variose, ou du moins d'un agent *toxique* sur le système nerveux. Celui-ci est alors engourdi, déprimé, sidéré d'une façon spéciale, et produit le rash. C'est précisément ce qui permet de considérer le rash comme un symptôme de cette intoxication et de le ranger parmi les phénomènes prodromiques de la variole. Mais, ajoutera-t-on, cette action spéciale n'est donc pas toujours identique à elle-même, puisque les rash sont un symptôme fréquent il est vrai, mais non constant de l'action du variose? Il faut alors faire intervenir la question d'individualité, sur laquelle nous attirions tout à l'heure l'attention. Le rash en effet n'est pas le fait du degré de l'intoxication nerveuse; il n'en est nullement le baromètre; les réactions individuelles ont un mode, une intensité variables selon les sujets; elles sont dominées par le même fait idiosyncrasique qu'il faut invoquer pour expliquer la paraplégie variolique, qui est si souvent absente, et qui n'est pas non plus en rapport avec le degré de l'intoxication; elles sont dominées par la même force occulte en vertu de laquelle dix individus, soumis dans les mêmes conditions aux mêmes intempéries, auront les uns une néphrite, les autres une pleurésie, ceux-là un simple rhume, ceux-là un rhumatisme articulaire; par la même encore, qui fait que, parmi ces rhumatisants de même origine, les uns auront une endocardite, les autres une pleurésie, et d'autres rien du tout.

Comme nous nous réservons de le démontrer, le virus variolique s'attaque surtout à la moelle et au nerf grand sympathique, soit dans toute son étendue (courbature, douleurs vagues dans tous les membres, rash généralisé), soit surtout au plexus lombaire (rachialgie dorso-lombaire, paraplégie, action fort remarquable, comme nous le verrons plus loin, sur la circulation utérine, rash scarlatiniforme en ceinture, etc.). Cette localisation ne doit pas sembler plus extraordinaire que celle du virus rabique sur les plexus pharyngiens et voisins, ni surtout que celle du curare, par exemple, pour les nerfs moteurs, etc.

Nous ne pensons pas, en effet, que l'on puisse dire que la localisation spéciale des rash, dans les aines, dans la région abdominale inférieure à la partie interne des cuisses, etc., puisse tenir simplement à la question de finesse de la peau, de moindre résistance des capillaires cutanés de ces régions. La face en effet est une des parties du corps où la peau est précisément douée des qualités requises pour l'apparition du rash (vascularisation multipliée, extrêmement riche, finesse et douceur extrêmes), et l'on sait que les rash respectent presque toujours la figure. Dira-t-on que c'est que les vaso-moteurs de la face proviennent d'une source supérieure à ceux du reste du corps, et que le virus variolique porte surtout son action sur la moelle (troubles de la circulation périphérique, troubles de la motilité, etc., et d'autre part, absence de délire) ? Et en effet, l'on ne voit pas de délire vrai dans la variole, à moins de complications, tandis que l'on peut fort bien dire que les symptômes de la variole et les rash en particulier sont les effets du délire des centres nerveux médullaires et notamment du grand sympathique. C'est ce qui explique la variabilité de ces symptômes, soit suivant les épidémies, c'est-à-dire suivant la qualité du virus, soit suivant les individus, c'est-à-dire suivant leur réceptivité et leur puissance réactionnelle au virus. C'est ce qui explique aussi pourquoi ces troubles peuvent avoir une si haute importance au point de vue du diagnostic, mais qu'ils ne peuvent pas avoir plus de valeur pronostique que la céphalalgie ou que la rachialgie, précisément parce qu'ils sont des phénomènes essentiellement individuels et de même ordre.

A la suite de cette intoxication diffusée sur une portion plus ou moins étendue de la moelle et du grand sympathique, il survient des troubles nutritifs, des éléments nerveux médullaires et des troubles fonction-

nels consécutifs (rachialgie, congestions viscérales
congestion des organes du bassin, métrorrhagie, car,
nous le verrons plus loin, la métrorrhagie du début
de la variole n'est qu'un *rash utérin*, et, en même
temps, congestion de la presque totalité de la surface
cutanée, diverses variétés des rash érythémateux).
Si l'intoxication est plus intense, elle amène une sorte
de sidération des centres médullaires qui innervent
les vaisseaux du bassin ; d'où la dilatation des vaisseaux capillaires correspondants, et une congestion
localisée aux organes du bassin et accentuée tout
particulièrement dans la peau des régions hypogastriques, inguinales, trochantériennes ; et, à un degré
plus prononcé, piqueté, hémorrhagique, intra-épi-
dermique, c'est-à-dire rash scarlatiniforme dans ses
divers degrés : phénomènes parfaitement comparables à ceux que l'on voit se passer dans l'oreille du
lapin, après la section du nerf sympathique cervical.

Plongé dans une sorte de stupeur, le système nerveux a perdu une partie de son stimulant habituel
sur les nerfs éloignés ; consécutivement, les nerfs
vaso-moteurs, paralysés, se dilatent et il y a congestion des départements cutanés innervés par ces
nerfs.

Mais le cœur continue à battre, et, par ces impulsions fébriles, à envoyer avec la même énergie le sang
dans la profondeur de tous les tissus ; le sang arrive
dans les capillaires cutanés et les trouve augmentés
de calibre ; il y a tout d'abord une diminution de
tension ; mais à la systole suivante, un nouvel afflux
se faisant, les capillaires se remplissent, se gonflent
outre mesure et atteignent la limite de leur dilatation, par absence de la constriction régulatrice qu'as-
surent le bon fonctionnement des couches musculaires

péri-vasculaires et l'intégrité des vaso-moteurs. *C'est le rash morbilliforme.* Supposons la persistance de cet état, les capillaires auront à recevoir plus de sang que leur moindre contractilité ne leur permet d'en débiter, il y aura exagération de tension. C'est alors que se produit *une véritable diapédèse des globules rouges* du sang contenu dans ces capillaires dilatés. Ceux-ci résistant, le sang continuant à arriver, la régulation faisant défaut par stupeur nerveuse, le sang jaillira au travers des parois vasculaires, *sans déchirure de ces parois*, et se répandra entre les faisceaux du tissu conjonctif, du derme et jusque sous le corps muqueux, où le microscope permet parfaitement de les apercevoir. Alors sera constitué, de toutes pièces, le *pointillé*, le granité *hémorrhagique du rash scarlatinoïde.*

On le voit, c'est tout simplement la continuation du processus qui a donné lieu aux rash érythémateux simples. La cause est la même; à peine est-elle un peu plus intense et plus prolongée dans le second que dans le premier. Mais les choses ne tardent pas à rentrer dans l'ordre normalement préétabli. Le système nerveux sort de la stupeur dans laquelle l'avait plongée l'agression *soudaine* et inattendue de l'agent toxique; il se remet pour ainsi dire de son émotion et reprend en main avec fermeté les rênes qui lui avaient momentanément échappé. Les vaso-moteurs recouvrent dès lors leur contractilité, la régulation circulatoire se retrouve et le calme se rétablit dans les réseaux capillaires; en effet, sous l'influence de la réaction nerveuse, les vaso-moteurs ont resserré les capillaires, qui se sont peu à peu dégonflés, qui ont évacué leur trop-plein et toute l'hyperémie a disparu de la surface cutanée : c'est ce qui explique la fugacité du rash érythémateux.

La résolution du rash scarlatineux s'opère identiquement de la même manière ; mais nous avons une lésion plus avancée, bien que la cause efficiente n'ait guère duré plus longtemps ni agi bien plus fortement ; et en effet le rash scarlatineux, comme le morbilleux, s'établit par poussées successives et d'intensité décroissante, la première étant toujours la plus puissante, mais s'effectuant très rapidement ou à quelques heures de distance. La production est donc à peu près aussi rapide dans un cas que dans l'autre ; mais alors pourquoi cette différence si considérable dans la manière dont ces deux lésions, effets d'une même cause, vont se comporter, l'une disparaissant comme par enchantement, ne trouvant pour s'évanouir l'instantanéité de son apparition, l'autre, au contraire, persistant plus ou moins longtemps, ne s'effaçant que graduellement et qu'insensiblement, comme à regret et.pas à pas !

Mais, nous l'avons vu, c'est que la lésion est différente ; tout s'explique d'une façon entièrement simple : la diapédèse s'est bien produite en aussi peu de temps que la dilatation hyperémique, mais, celle-ci, ayant fait place à la contractilité normale, tout trouble, dans le premier cas, a disparu sans laisser de trace. Dans le second, au contraire, il y a exsudation ou extravasation de globules rouges ; ce résultat ne peut disparaître comme un simple trouble fonctionnel. En dehors des capillaires, il ne s'exercera sur les globules émigrés aucune pression capable de les faire rentrer dans leurs voies naturelles ; leur exil se continuera forcément, et ils attendront, en dehors des vaisseaux, que les échanges moléculaires les aient peu à peu repris et résorbés. Et, en effet, nous assistons à la régression lente et graduelle des globules sanguins sortis de leurs vaisseaux, sans que ceux-ci aient été ni rompus ni perforés. Le rash scarlatineux ne persiste donc pas davantage et ne se manifeste plus longtemps que le rash morbilleux que parce que, au lieu d'une simple hyperémie, il s'est produit une hémorrhagie disséminée, un piqueté hémorrhagique interstitiel, et qu'il faut un certain temps pour que les lymphatiques, chargés de l'élimination de tous les produits organiques dégénérés ou étrangers, aient repris tous les globules sanguins qui se trouvent alors dans un milieu auquel ils n'ont pas été destinés et qui s'y altèrent. Le sang des régions inguinales subit en effet toutes les phases de la résolution graduelle et passe, comme toute ecchymose, par les diverses teintes qui indiquent la résorption insensible de tout épanchement sanguin.

Tel est le mécanisme qui nous rend compte du *symptôme rash* dans la forme régulière d'une variole de médiocre intensité. Mais supposons la maladie très intense et le rash encore plus accentué; d'autres phénomènes vont se produire. Ils sont le résultat d'une cause encore mal définie ou plutôt de causes multiples : on peut les attribuer soit à la fragilité congénitale, soit au ramollissement pathologique des parois vasculaires, soit à l'exagération fébrile des impulsions cardiaques et de la tension vasculaire, soit plutôt à l'altération profonde et à la diffluence du sang chez un individu sur lequel le virus variolique a une puissance particulièrement infectieuse. Ce n'est plus alors une dilatation, même excessive, des capillaires, ce n'est plus une diapédèse, même abondante de globules rouges que l'on observe. Ce sont de véritables épanchements de sang, de nombreuses suffusions qui ne peuvent s'effectuer qu'à travers des parois vasculaires rompues. La quantité de sang, ainsi épanché, peut être considérable; et, en effet, ce n'est plus quelques globules de sang que l'on trouve dans les causes microscopiques, mais une quantité de sang assez grande, non seulement pour soulever les cellules malpighiennes, mais pour écarter, déformer et dissocier les faisceaux conjonctifs du derme, pour les aplatir les uns contre les autres et même pour les rompre et pour les *dilacérer*.

Le derme est en partie détruit, en état de véritable attrition, et ses éléments sont confondus avec les globules du sang comme dans une sorte de bouillie. En un mot, on peut dire, tout en forçant la note, qu'il y a une *véritable plaie* formée dans l'épaisseur de la peau sous l'influence des désordres dont nous venons de décrire la succession, et dont nous allons maintenant examiner les conséquences.

Autant qu'il est possible de le constater, et à part les cas exceptionnels, comme celui de M. Empis, le rash morbilleux n'a aucune influence sur l'éruption qu'il a précédée. A la place même qu'il a occupée, il semble, car cette recherche est très délicate, que les pustules évoluent tout comme elles l'auraient fait sans son apparition.

Pour le rash scarlatineux, il n'en est plus de même et nous avons fait plusieurs citations qui montrent que les observateurs ont été frappés de l'immunité dont sont parfois douées, contre la pustulation variolique, les régions primitivement occupées par le rash granité. C'est cette petite hémorrhagie interstitielle qui crée des conditions défavorables à la formation des petits dépôts de matière virulente qui constitueront un peu plus tard la pustule.

C'est pour expliquer la propriété abortive du rash granité que MM. Colin et Legroux (p. 359, loc. cit.) invoquent l'impossibilité de la migration des leucocytes entre les *vacuoles de la couche de Malpighi* qui ont été préalablement remplies de globules rouges.

Mais il n'en est plus de même quand, au lieu du rash scarlatineux proprement dit, il y a un rash plus fortement hémorrhagique. Nous nous trouvons, dans ces cas, en présence par conséquent d'une véritable plaie. Or, nous savons quelle est l'influence de toute altération, plaie, ou même irritation de la peau ; l'éruption, au lieu d'être cohérente ou discrète, comme sur le reste du corps, *apparaît confluente* dans la région lésée, et on peut se demander comment la lésion cutanée elle-même peut provoquer *in situ* le redoublement de la manifestation cutanée de l'intoxication. Il y a probablement là plus qu'un phénomène purement local ; et ce n'est pas non plus seulement parce que les tissus enflammés sont plus accessibles ou plus favorables aux suractivités même morbides. Ne peut-on pas voir là une application des doctrines de M. le Dr Verneuil, c'est-à-dire le traumatisme cutané devenant un appel, un excitant de l'état, non pas diathésique puisqu'il s'agit ici d'un état pathologique aigu et passager, mais constituant une sorte de provocation du processus morbide actuellement en activité ? La lésion de la peau, la dermatite interstitielle, car il est bien entendu qu'il n'y a pas destruction complète, sans quoi il n'y aurait rien que du sphacèle et une tendance à l'élimination, agit au simple titre d'excitation locale. Elle met en branle la cause interne à qui elle facilite ses manifestations en créant une susceptibilité locale exquise, et constitue un lieu d'élection pour l'élimination de l'élément qui infecte l'or-

ganisme. La moindre cause peut jouer le même rôle
à un moment où l'organisme tout entier n'aspire qu'à
une chose, et ne tend qu'à un but, l'élimination. Aussi
tout est bon pour lui, tout est prétexte à manifestations
éliminatrices, et il répond à la moindre provocation.
Tous ces faits dont l'expérience démontre l'exactitude
ne sont-ils pas ce que l'on observe également pour la
plupart des diathèses, auxquelles, chez les gens fâ-
cheusement prédisposés, l'occasion la plus banale
suffit parfois pour déterminer un redoublement d'ex-
plosion ou de la poussée éruptive? La banalité de l'occasion est donc à remarquer. Ici les faits observés la
constatent également; en effet, ne pense-t-on pas
qu'il faut attribuer au simple contact prolongé de l'air
et à la faible excitation cutanée qui en résulte l'abondance toujours plus grande de l'éruption à la face et
aux mains? Mais, nous le répétons, quelle que soit la
cause d'irritation locale (vésicatoire, plaie récente,
dermatose chronique, etc.), le résultat est le même :
confluence de l'éruption, alors qu'elle est peu abondante sur le reste du corps. La cause de la lésion pro-
vocatrice est tout à fait indifférente.

Nous ne devons donc plus nous étonner de voir la
forme pétéchiale ou purpurique des rash suivie de la
confluence de l'éruption, alors que la forme scarlatineuse entraînera une immunité absolue et que la variété hyperémique se montrera simplement indifférente au travail d'éruption.

C'est ainsi que *cessent ces apparences de caprices
et de contradictions* que les cliniciens avaient remarqués dans les allures des rash vis-à-vis de l'éruption
variolique et qui n'avaient pas peu contribué à les
éloigner de l'exacte interprétation de tous ces phénomènes pathologiques.

Nous sommes loin d'avoir la prétention de croire que nous avons expliqué le mode pathogénique des rash. Nous renoncerons à cette interprétation dès qu'on nous en offrira une meilleure, et nous ne la proposons, en l'absence de toute autre, que parce qu'elle nous semble rationnelle et rendre compte des faits observés.

Le trouble de la circulation cutanée n'est pas douteux dans le rash.

Cette perturbation ne saurait dépendre de l'état du sang, sans quoi elle existerait partout. Elle ne peut résulter *que de l'innervation vasculaire et par conséquent du grand sympathique.*

Les modifications que les physiologistes, Cl. Bernard, Naunym et Quincke, Vulpian, Sinitzin, Gunther, Ludvig, Thiry ont pu produire dans la circulation périphérique, sont parfaitement d'accord avec cette idée. Or, *une intoxication peut anéantir aussi bien qu'une section.*

Nous ne chercherons pas à savoir si les vaso-constricteurs sont paralysés ou les vaso-dilatateurs excités : nous constaterons seulement que toutes les fois que la stase sanguine se prolonge et devient intense, il y a diapédèse rouge.

Le siège habituel des rash peut indiquer quelles sont les parties de la moelle et du grand sympathique qui sont spécialement et généralement atteintes.

Voici à ce sujet ce que nous apprenons dans l'article *Rash* de M. le Dr Legroux : « Th. Simon, de Hambourg, ayant comparé le siège de prédilection des rash avec les départements de l'innervation vaso-motrice de la peau, décrits et figurés par Voigt, admet que le rash est dû à une névrose des vaso-moteurs. Il remarque que le triangle inguinal, innervé par les nerfs de l'abdomino-génital, est le lieu d'élection des principaux rash, que les régions postérieures du tronc innervé par les vaso-moteurs de branches postérieures des nerfs rachidiens ne sont presque jamais atteintes. Dans un seul cas, sur 300 qu'il dit avoir observés, le rash siégeait à la région lombaire (Archiv für Dermat. und Syph., 1872, p. 541), et là, il correspondait très exactement à un des départements de l'innervation de Voigt. Enfin, il cite une très curieuse observation, qui *plaide singulièrement en faveur de l'influence du système nerveux sur la production du rash.* Chez un individu qui avait contracté la variole, la rachialgie prodromique avait été remplacée par une névralgie sciatique du côté droit : c'est là, le long de la partie postérieure de la cuisse droite, que le rash fit son apparition nerveuse. On est donc bien en droit, ajoute M. Legroux, de supposer que le *rash est un phnomène lié à des troubles de l'innervation vasomotrice de la peau.* »

C'est aussi notre manière de voir. Toutefois nous ne saurions admettre cette relation de cause à effet, que l'on semble proposer, entre la douleur et le rash. Ce sont là pour nous des phénomènes de même ordre, en ce sens qu'ils répondent à des troubles circulatoires, mais tout à fait indépendants l'un de l'autre.

CHAPITRE IV

DE LA PÉRIODE D'ÉRUPTION ET DE QUELQUES PARTICULARITÉS
CLINIQUES PRÉSENTÉES PAR LA VARIOLE.

L'éruption est la période la plus caractéristique de
la variole. Cependant, il ne faut pas identifier la variole et l'éruption ; celle-ci peut manquer et, surtout,
la mort peut arriver avant qu'elle ait eu le temps de
se produire.

Un certain nombre d'auteurs n'y voient que l'épiphénomène terminal de la maladie ; d'autres la considèrent comme le but suprême vers lequel tendent
tous les efforts de l'organisme. Nous nous rangeons
à cet avis ; nous croyons que l'éruption est le fait principal du processus variolique, autour duquel gra-
vitent tous les autres symptômes. Pour les premiers,
tout se passe dans la peau qui vient simplement donner sa note dans le concert ; pour les seconds, le
processus pathologique, dont le corps muqueux est
le siège, n'est que l'aboutissant ultime d'un processus bien autrement important et commencé dans
l'intimité de nos tissus longtemps avant que l'éruption ne soit ébauchée, quoique l'histologie démontre
que la peau entre de très bonne heure en activité
morbide.

D'où viendrait en effet toute cette matière virulente ?

L'effort de l'organisme ne peut avoir *pour but* la prolifération ni l'élaboration d'un agent toxique pour lui.
Non vraiment, et il ne peut rechercher que l'élimination. Le virus, dit-on, est déposé, est répandu, dans
le réseau veineux superficiel de la peau, et les pustules, qui le contiennent, se développent ensuite dans
les points où elles rencontrent le moins de difficultés.

Cependant, si le virus est dans le sang, comment
reste-t-il dans ces réseaux cutanés et périphériques?
Le sang ne va-t-il pas partout? Quelle est donc la force
qui maintiendrait ainsi la matière virulente à la périphérie et aux extrémités de l'arbre circulatoire? La
peau seule ne peut suffire à ce travail et il faut évidemment chercher ailleurs les causes déterminantes
du processus qui évolue dans son intimité. Ce que
nous avons dit précédemment nous dispense de revenir sur ce point. D'autre part, nous avons déjà
examiné les diverses phases du phènomène au point
de vue anatomo-pathologique; nous n'avons donc à
envisager ici l'éruption qu'au *point de vue objectif et
clinique*.

D'abord, quelle est l'époque de son apparition?
Nous devons considérer l'éruption *sur la peau*, et à la
surface des muqueuses.

I. — Pour *l'éruption*, comme nous l'avons déjà vu pour
les autres symptômes, et selon l'expression de M. Rendu
(Soc. clin., 1879), *la variole est capricieuse*.

Sur 56 observations, citées dans notre thèse et dans
lesquelles le jour exact de l'éruption est noté, voici
comment et quand elle s'est montrée:

12 fois, le 2e jour. — 15 fois, le 3e jour. — 16 fois,
le 4e jour. — 8 fois, le 5e jour. — 5 fois, le 6e jour.

Parmi ces varioles, sur les 12 qui ont donné des

pustules à la fin du 2ᵉ jour, il y a eu 9 varioles confluentes et trois varioloïdes.

Sur les 15 du 3ᵉ jour, il y a 7 varioles discrètes, 2 varioles cohérentes, 3 varioloïdes.

Sur les 16 du 4ᵉ jour, il y a 3 varioles discrètes, 8 varioles cohérentes, 2 varioles confluentes, une variole hémorrhagique, 2 varioloïdes.

Sur les 8 du 5ᵉ jour, il y a 3 varioles discrètes, 4 varioles cohérentes, 1 variole hémorrhagique.

Sur les 5 du 6ᵉ jour, il y a 1 variole discrète, 1 variole cohérente, et 3 varioles hémorrhagiques.

C'est donc bien *le troisième et le quatrième jour* que, pour les varioles d'intensité moyenne, l'éruption se fait. Il y en a alors beaucoup de légères. Il y en a au contraire beaucoup de graves, de mortelles, parmi celles dans lesquelles l'éruption a lieu à la fin du 2ᵉ jour ; presque *toutes les varioles confluentes arrivent à l'éruption de bonne heure.* La loi posée par Sydenham et par Trousseau est donc nettement confirmée : quand l'invasion est très courte, ou bien quelquefois la variole est modifiée, ou bien et c'est la règle, elle est très grave. Nous verrons aussi que, même dans les varioles bénignes, plus l'éruption est précoce dans certaines régions, plus aussi elle est abondante dans les mêmes points.

Toutefois la loi de Sydenham et de Trousseau est loin d'être absolue ; elle souffre de nombreuses exceptions, c'est donc plutôt une règle, car *rien n'est absolu dans la variole.*

De l'étude qui précède, il ressort bien nettement aussi que les hémorrhagies troublent et retardent l'éruption. *L'économie ainsi spoliée n'arrive que péniblement à l'élimination, à la délivrance.*

L'éruption débute par la face, le front, les parties

voisines de la bouche ; elle y est toujours en avance de deux ou trois jours sur celle du reste du corps. Viennent ensuite les membres supérieurs, les régions dorsales des mains et des avant-bras ; puis les membres inférieurs, et le tronc.

Cette précocité des pustules de la face et des avant-bras peut être pour le clinicien un précieux élément de *pronostic*. Il ne faudrait pourtant pas juger toujours de ce qui se passera sur le corps par ce qui se passe à la face. L'éruption, avons-nous dit, y est plus précoce, par conséquent, plus abondante. Nous avons vu bien des cas où l'abondance était limitée à la face et aux membres supérieurs, et où la gravité de la maladie était fort différente de ce qu'elle est dans les varioles où les pustules sont plus généralement abondantes.

La face d'un varioleux n'est donc pas un miroir clinique absolument fidèle.

Enfin, un fait non moins remarquable que la prédilection de la pustulation pour la face, c'est la constance avec laquelle elle évite au contraire la *région sous-ombilicale* de l'abdomen. Qu'il y ait des rash ou non, que l'éruption soit confluente ou très abo-n dante sur le reste du corps, les pustules sont toujours extrêmement rares entre le palais et l'ombilic, et il existe en ce point une pustulation toujours extrêmement discrète et, en tous cas, de larges intervalles de peau absolument saine.

Nous avons déjà signalé les petites taches, puis les légères papules par lesquelles commence l'éruption. *Le diagnostic* est difficile, on peut penser à l'érysipèle quand la congestion cutanée est très vive, à des érythèmes, quand l'éruption se présente sous la forme papuleuse, et à la rougeole boutonneuse surtout ; c'est

en effet avec cette maladie que la confusion est alors
le plus difficile à éviter. Nous avons vu à l'occasion
des rash et des autres prodromes comment pouvait
se faire alors le diagnostic de la variole. Il est en effet
bien difficile d'y arriver par *les signes objectifs;* de
même dès le début de l'éruption, il est à peu près
impossible de préjuger de l'abondance de l'éruption.
C'est un fait que M. Rigal, dont l'expérience est si
complète à ce sujet, nous a souvent fait remarquer.
Plusieurs fois, il nous est arrivé de chercher à prévoir dès l'apparition des premières papules, quelle
forme allait prendre l'éruption. Très souvent, nos
conjectures ont été renversées. *L'abondance de l'é-
ruption* constitue un phénomène clinique capital.
De là suivant le nombre des pustules, la division
des varioles en variole *discrète*, en variole *cohérente ou en corymbes*, en variole *cohérente confluente*,
en *variole confluente vraie* ou *confluente d'emblée*,
par opposition à la précédente, qui n'est confluente
que secondairement au développement excessif des
pustules.

Cette clasification ne repose pas sur la simple question du nombre des pustules qui peuvent se trouver sur le corps. Elle répond à de *véritables formes
cliniques*, dont la marche, la durée, l'évolution
et surtout la terminaison sont absolument différentes.

Les varioles discrètes, les varioles cohérentes sont bénignes, excepté chez les enfants; *les varioles cohérentes
devenant confluentes,* au moment de la suppuration,
sont graves, mais *peuvent guérir et guérissent souvent.*
Quand elles emportent le malade par asphyxie,
par suppression des fonctions cutanées, par l'abondance de la suppuration. par pyohémie, ou par le fait

d'une complication quelconque, ce n'est jamais avant le 10ᵉ jour, c'est le plus souvent du 10ᵉ au 15ᵉ jour et surtout vers le 12ᵉ. Mais, nous le répétons, la guérison est fréquente et la mort non inévitable.

Les varioles confluentes, celles qui méritent vraiment ce nom, *sont fatalement mortelles.*

Tout ce que nous avons observé nous pousse à dire avec M. Rigal qu'*il n'y a pas de puissance au monde capable d'empêcher de mourir quelqu'un atteint de variole confluente vraie.* La mort survient alors du 6ᵉ au 8ᵉ jour, et pas au delà du 10ᵉ. C'était déjà l'opinion de Trousseau.

Si, pour le clinicien, il est si important de savoir à quelle forme de variole il a affaire, il y a lieu de bien déterminer les caractères de chacune de ces formes.

Il suffit de lire les comptes rendus de la Société médicale des hôpitaux de 1870 (p. 202), pour voir quelle confusion régnait, il y a à peine quelques années encore, dans l'esprit des médecins, à ce sujet. Il faut savoir un grand gré à M. Desnos d'y avoir, un des premiers, insisté. Peut-être même n'a-t-il pas proclamé autant qu'il l'eût fallu, cette vérité clinique ; pour notre part, nous ne saurions trop remercier M. Rigal des précieux enseignements qu'il nous a inculqués à ce sujet, sur lequel il a attiré fortement (avril 1879) l'attention de la Société médicale des hôpitaux.

La variole discrète est celle où de larges intervalles de peau saine existent entre les pustules et où les rémissions fébriles sont bien mar- quées, où la variole apparaît nettement comme une *fièvre non continue.*

Dans les varioles cohérentes, les intervalles de peau

saine entre les pustules, les périodes apyrétiques diminuent.

Dans les varioles confluentes, dès le début de l'éruption, tout intervalle de peau saine a disparu ; les papules sont petites, serrées, se touchent, *se confondent*. Elles sont parfois tellement rapprochées et tellement fines qu'à l'œil nu et à un examen superficiel, la peau ne paraît même pas rugueuse et que l'on croirait tout d'abord à l'absence de toute pustulation. Si l'on examine plus attentivement le visage, on voit, surtout si l'on s'est placé soi-même à contre-jour et qu'on éclaire bien le malade, au pourtour de la bouche, sur le front et *surtout au bout du nez*, la peau avoir dans toute son étendue un aspect très finement chagriné. C'est vers la fin du 2e et au commencement du 3e jour que l'on constate ces phénomènes.

Le lendemain et le surlendemain, les papules deviennent vésicules ; elles s'ouvrent alors les unes dans les autres, elles *sont nettement confluentes*, et vers le 6e jour, alors qu'elles se sont remplies d'une sérosité lactescente, elles soulèvent et décollent l'épiderme sous forme de vastes ampoules qui occupent des étendues plus ou moins considérables du corps. Elles prennent ensuite une coloration grisâtre que, depuis Morton, on compare à *un masque de papier gris ou de parchemin mouillé*.

Les mêmes phénomènes se passent aux avant-bras et aux mains ; puis le reste du corps, à part la région sous-ombilicale, se prend dans des proportions analogues, un peu moindres cependant. *La variole confluente est constituée* et ne tarde pas, alors, à enlever le malade. La mort survient parfois avant toute suppuration et dès le 4e jour.

On conçoit alors que les médecins qui comprennent les choses de cette façon ne peuvent admettre la guérison de la variole confluente, ni qu'on puisse dire que telle variole a été, *un peu*, *beaucoup*, ou *extrêmement confluente*.

Au point de vue symptomatique, diagnostique et pronostique, le mot *confluence* suffit et est par lui-même assez explicite.

On voit combien cette forme diffère de la variole cohérente, dont les pustules suppurent, se développent, se recouvrent de croûtes jaunâtres mélicériques (bon signe) ou de croûtes grisâtres, énormes ou noirâtres, et qui, alors seulement, se touchent et se confondent. Ces varioles *cohérentes-confluentes* sont très graves, mais elles peuvent guérir, comme nous en avons vu plusieurs exemples. Quand, au contraire, l'issue est fâcheuse, la mort survient en moyenne vers le 12e jour.

Dans les varioles cohérentes simples, ou en corymbes, la guérison est la règle, comme pour la variole discrète.

Les limites de cette étude ne nous permettent pas d'entrer dans tous les détails que comporteraient de si importantes questions. Nous ne pouvons que les signaler, mais il nous était impossible de les passer sous silence.

Nous ne pouvons que signaler également le ptyalisme, que nous avons toujours vu subordonné aux lésions des muqueuses, le gonflement des extrémités, que nous croyons, d'après nos observations, consécutif aux lésions de la peau. Quand ces phénomènes ne se montrent pas ou s'arrêtent, de même que quand la pustulation s'interrompt dans son cours et qu'on voit l'éruption s'affaisser et se flétrir, on

peut considérer le malade comme perdu. L'on voit en effet *la langue se dessécher, le pouls devenir petit et irrégulier,* le subdelirium ou le coma s'emparer du malade, et celui-ci ne tarde pas à succomber dans les limites indiquées plus haut. Ce n'est plus alors la même cause qui agit : dans les premiers jours, en effet (3 à 5), les malades succombent comme les grands brûlés, comme les empoisonnés par l'oxyde de carbone. Nous verrons aussi de véritables sidérations nerveuses, comme dans les empoisonnements suraigus, et la mort se montrer rapide et presque subite. *L'époque de la mort, dans la variole, varie donc avec ses causes.*

Nous sommes ainsi amené à parler de la forme la plus formidable de la variole, de sa *forme hémorrhagique.*

Le malade, victime d'une prédisposition exceptionnellement fâcheuse, en vertu de laquelle la proliféra, tion de la matière virulente peut être plus rapidement complète, ou bien la résistance au virus être d'emblée insuffisante, *est anéanti en quelques heures.* C'est ce que nous avons pu voir *trois fois :* chez un alcoolique *gras,* chez un homme *non vacciné,* et enfin, la troisième fois, chez un jeune homme qui ne présentait ni l'une ni l'autre de ces conditions. C'est de cette forme que l'on peut dire : « C'est la mort sans phrase » ! Elle survient, en effet, le troisième jour au plus tard. Le malade a une fièvre intense (40°), pas d'*albumine,* excepté dans les cas d'hématurie ; il n'a aucun délire et exprime très nettement la sensation d'anéantissement complet, d'épuisement absolu qu'il éprouve dans toute la profondeur de son être. On observe alors des angoisses, des lipothymies, des nausées, des vomissements, une anxiété extrême et

inexplicable. Parfois survient un rash, qui est hémorrhagique aussi, et qui a pu donner lieu à des erreurs de diagnostic et faire croire, par exemple, à une scarlatine maligne (Soc. méd. des hôpitaux, 1870, p. 166). Le malade souffre peu en général ; la rachialgie cependant est parfois très intense et attire toute l'attention du malade et même du médecin. Nous pouvons en rapporter un exemple : dans l'un de ces cas, cette douleur lombaire a pu être, en ville, rapportée à un lombago rhumatismal et traité par des ventouses scarifiées ; il fut presque impossible d'arrêter le sang ; l'écoulement ne se termina que quelques heures avant la mort, survenue avant la fin du 3ᵉ jour, mais non, du reste, à l'occasion des ventouses. Le malade avait, pour ainsi dire, été sidéré par le poison variolique, et avait des épistaxis, des hémoptysies, des hématuries, des hémorrhagies sous-conjonctivales et sous-cutanées.

Dans un autre cas, pour lequel notre ami, le Dᵣ Hutinel, fut appelé en consultation, le médecin traitant avait cru à l'existence de coliques néphrétiques et soigné cette variole foudroyante par les injections hypodermiques de morphine.

La mort, dans ces cas, est très rapide, disons-nous. C'est une première raison pour qu'elle arrive avant l'apparition des pustules. Celles-ci, même dans les cas où la forme hémorrhagique est moins terrible, ne se montrent que tardivement, du 5ᵉ au 6ᵉ jour, malgré la gravité de la maladie, car elles sont *retardées* par les hémorrhagies. Même dans le premier cas, on ne peut pas comprendre cette forme dans les groupes des *varioles sans éruption* (*variolæ sine variolis*). Celles-ci sont si rares, qu'elles sont rejetées comme des erreurs de diagnostic par nombre de médecins.

Voici ce que dit, à ce sujet, M. Legroux : « MM. Quinquaud, Huchard et Hamel, ont chacun de leur côté, observé des cas de rash scarlatiniformes légers, ayant persisté pendant 5 ou 6 jours, avec tous les symptômes généraux de la variole (céph. rachial. vom., etc.) et sans éruption pustuleuse. Il y a probablement là des varioles avortées ou tellement discrètes qu'elles passent inaperçues en raison du nombre très restreint des pustules (2 ou 3 pustules, réparties sur la peau et les muqueuses, Gueneau de Mussy). »

Nous n'en avons pas observé, avons-nous dit. M. Besnier, dans un de ses remarquables rapports sur les maladies régnantes (1870, p. 247), constate qu'aucun fait signalé ne se prête à cette *fantaisie nosologique*. Ce sujet appelle donc de nouvelles observations.

On voit en tous cas que cette forme serait très bénigne, en opposition avec la précédente, dans laquelle l'intoxication est absolue, l'atteinte irréparable et la destruction de l'organisme décrétée dès le principe (Besnier, p. 251). La *forme hémorrhagique secondaire*, postérieure à la pustulation, est beaucoup moins grave.

Mais d'où vient *dans la forme hémorrhagique d'emblée* une si formidable malignité ? Le virus variolique est certainement unique ; tout au plus présente-t-il des variabilités dans son pouvoir contagieux. Il n'y a donc pas à invoquer d'autres causes que, d'une part, la prolifération rapide du virus ; et, d'autre part, la disposition exceptionnellement fâcheuse du malade. Tous les hommes, en effet, ne sont pas égaux devant la contagion (Ricord). Nous en trouvons d'autres exemples dans les épidémies meurtrières qui ont décimé les populations des îles Sandwich et certaines tribus de l'Amérique du Sud, lorsque la variole y est apparue pour la première fois. Sans doute on ne saurait admettre que tous les indigènes se fussent dans le même temps trouvés en état de débilitation. Mais ce n'est pas une raison pour ne pas admettre encore la question de terrain : aucun indigène n'était vacciné. Or, comme le disait dernièrement encore M. Broca (Acad. de méd., 18 mai 1880), lorsque la variole est importée pour la première fois chez des peuples non variolés et sans ancêtres varioleux, on peut être certain qu'elle causera des ravages épouvantables.

Dans un grand nombre d'intoxications, il y a d'ailleurs des faits analogues où la question de terrain, de résistance moindre, est la principale, sinon la seule. N'y a-t-il pas une forme maligne de l'intoxication paludéenne comme de la diphthérique ? La syphilis ne se montre-t-elle pas précoce, maligne, dénutritive, consomptive, pour certains malades, jeunes, robustes et résistants contre toute autre cause dépressive que le virus ?

Ne peut-on pas se demander si les conditions telluriques, climatériques, électriques, que dans notre ignorance nous déguisons sous le nom de *constitution médicale*, n'ont pas pu modifier la résistance d'une population à la maladie. On s'expliquerait ainsi les inégalités si remarquables des cas d'épidémies qui ont eu lieu à quelques années de distance à Paris. Toutefois il faut noter que les récentes expériences de M. Pasteur sur le choléra des poules tendent à prouver qu'en opérant certains changements dans le mode de culture, il est possible de diminuer la *quantité de la matière* virulente et d'atténuer ses effets. Cette diminution se traduit de plus par un faible retard dans le développement des accidents. Ce fait concorde avec celui que nous avons signalé, à savoir, que l'apparition tardive de l'éruption constitue, en général, un bon signe de pronostic favorable.

Quoi qu'il en soit, on voit que pour l'explication de la malignité variolique dans tels cas et sa bénignité dans tels autres, nous sommes réduits aux suppositions et aux hypothèses et que, dans l'état actuel de nos connaissances, il n'est pas possible de conclure autrement.

L'éruption se fait d'ordinaire en quatre jours : le premier est consacré à la face, le second aux membres supérieurs, le troisième au reste du corps. Mais pendant ce temps la face garde et continue son avance de telle sorte que l'éruption y subit la suppuration alors qu'elle est à peine constituée sur le tronc. C'est sur la face, dit M. Parrot, qu'est gravée la chronologie de la variole, et les dates doivent être abaissées de deux ou trois jours pour les autres parties du corps.

L'éruption se fait d'ailleurs par poussées successives (Bucquoy, Soc. méd., p. 324) et la fièvre persiste en diminuant jusqu'à la fin de l'éruption. C'est vers le cinquième jour que se montre ordinairement le phénomène inconstant de l'ombilication.

Quand elle est entièrement effectuée, l'éruption joue le rôle d'un *phénomène critique*, et toute fièvre tombe dans les varioles *régulières*.

L'apyrexie est presque nulle dans les varioles graves ; elle est plus longue dans les varioles de médiocre intensité ; elle est très accentuée dans les varioles discrètes ; elle est définitive dans les varioloïdes.

Qu'est-ce que la varioloïde ? On appelle ainsi une va-

riole modifiée soit par une vaccine, soit par une
variole antérieures, soit par une disposition congénitale, cette immunité relative est rare d'ailleurs et
serait due, d'après M. Broca, à la variole des ancêtres. A la suite des inoculations varioliques, quand
celle-ci est faite sur un sujet vigoureux et dans de
bonnes conditions de résistance, l'intoxication varioleuse prend souvent la forme varioloïque.

Quelle que soit celle de ces causes qui imprime la
modification salutaire, celle-ci est telle, qu'après
l'éruption, la fièvre tombe complètement et définitivement et que, sautant par dessus le stade de suppuration, les vésicules se dessèchent sans tarder. Toute
variole qui suppure, ne fût-ce qu'un instant, n'est
pas une varioloïde. Il s'en faut donc que toute variole
bénigne soit une varioloïde. Beaucoup de varioloïdes
sont plus graves et imposent au malade un isolement
plus prolongé que la variole vraie, dans sa forme
discrète; d'après nos observations, sa durée a oscillé
entre huit et trente-huit jours, en tenant compte de
l'évolution totale et complète et de la convalescence.

L'éruption s'est passée tout entière dans le corps
muqueux, sans enflammer secondairement les parties voisines, sans arriver au derme. Aussi, pas de
suppuration et pas de cicatrice.

Si nous avons insisté sur ces distinctions, c'est que
l'on peut voir dans le Compte rendu de la Société
médicale des hôpitaux (1870, p. 24, juin) combien
les opinions sont encore contradictoires à ce sujet et
combien il est urgent de bien fixer les délimitations
de chacune des formes varioliques, et de déterminer
la valeur précise de leurs dénominations (Archambault, Hérard, Dumontpallier, Blachez, Bourdon,
Bucquoy, Marotte).

La *varioloïde* est le plus souvent bénigne. Dans certains cas, elle peut revêtir des formes graves. Elle a pu se montrer *hémorrhagique*, comme nous le montre ce cas si intéressant et si rare, observé par M. Mesnet en 1870 (Soc. méd. des hôp., p. 29). Il s'agit d'une femme de 28 ans, non revaccinée. Accouchement d'un enfant vivant, mort trois heures après. Le lendemain, éruption assez abondante. Diarrhée, rachialgie persistant après les couches. *Hémorrhagies se faisant par toutes les voies.* Hémoptysie, épistaxis, etc. Éruption affaissée partout. *Pas de fièvre de suppuration.* C'est donc bien une *varioloïde hémorrhagique* et, chose non moins remarquable, une forme hémorrhagique qui s'est terminée *après avortement* par la guérison.

Nous allons d'ailleurs rapporter deux observations fort intéressantes de *varioloïdes confluentes.*

OBSERVATION I.

G...,, boulanger, 26 ans, pavillon 7, lit n° 25, vacciné, non variolé, non revacciné.

1er jour. Céphalalgie extrêmement vive, presque subite, avec vision voilée et quelques gouttes d'épistaxis. Frissons et fièvre.

2e jour. Céphalalgie toujours intense. Apparition de la rachialgie.

3e jour. Même état.

4e jour. Dans la nuit apparition des papules caractéristiques à la figure.

5e jour. Généralisation de l'éruption; apparition de l'angine. Le malade se plaint d'avoir « la bouche pleine de boutons ». Gonflement de la joue.

6e jour. L'éruption est très abondante. Les pustules sont fines, serrées, au point de se toucher. Gonflement des mains et des pieds.

7e jour. Le malade est déprimé, assoupi; la respiration est bruyante, fréquente; aphonie, quelques accès de toux; langue sèche; fièvre vive.

8e jour. Même état ; la prostration s'accentue ; subdelirium ; le corps est absolument couvert de vésicules ; la face est tuméfiée horriblement ; les yeux sont fermés ; la physionomie hideuse ; langue sèche ; pouls fréquent, mais fort.

9e jour. Nous pensions trouver le malade mort. A notre grande surprise nous le trouvons très amélioré : la face est considérablement désenflée ; le malade entr'ouvre les paupières ; il n'a plus mal à la gorge et la langue est moins sèche. La fièvre existe encore, mais beaucoup moins vive ; la respiration est moins fréquente et moins bruyante.

10e jour. Le malade ne souffre plus du tout ; il ouvre les yeux ; il cause ; il n'a plus de fièvre, il a faim ; tout gonflement s'est évanoui et l'éruption subit une dessiccation remarquablement rapide.

11e jour. Carnification généralisée sans la moindre suppuration, sans mouvement fébrile.

Ainsi au moment où nous croyions le cas mortel, *la maladie tournait brusquement bride*. La varioloïde seule est capable d'affecter ces allures.

Obs. II.

R. Durand, 34 ans, vacciné, non revacciné, non variolé, pavillon 7, lit n° 7.

1er jour. Le malade a travaillé jusqu'à huit heures du soir ; pas de malaises ressentis jusqu'à midi ; dans la nuit indigestions et vomissements.

2e jour. Obligé de garder le lit. Fièvre ; céphalalgie ; pas d'épistaxis ; rachialgie intense depuis hier soir.

3e jour. Malaises généraux persistants ; maux de tête, de reins ; fièvre intense ; soif ; anorexie ; constipation.

4e jour. Même état. Malaises peut-être un peu diminués. Dans la nuit du troisième au quatrième jour apparition des boutons aux mains et à la figure. Le soir du troisième jour il n'y en avait aucun ; le matin du quatrième on en pouvait constater de nombreux déjà qui ne causaient d'ailleurs à la peau ni démangeaison ni sensation de brûlure.

5e jour. Face rouge, tuméfiée, couverte de papulo-vésicules extrêmement rapprochées les unes des autres. La peau en est rouge, rugueuse et épaissie dans toute son étendue, mais d'une façon à peu près uniforme. De même sur les mains, pustulation abondante, serrée, irrégulière. Les pustules les plus développées sont seules ombiliquées.

6e jour. Malgré cette éruption si abondante, état général bon. Pas le moindre délire. Pouls fort, 98 pulsations; langue humide. L'éruption n'est encore réellement confluente qu'à la face. C'est ce qui fait que le pronostic fatal est réservé.

7e jour. La face présente la bouffissure caractéristique. Elle est très rouge, mais c'est plutôt un reflet qu'on perçoit, car les vésicules sont confluentes et sont remplies de sérosité, d'où masque demi-transparent.

8e jour. Les yeux sont toujours perdus sous l'éruption: à peine peut-on en distinguer la place. Le gonflement est tel que la face est absolument ronde. Respiration fréquente, bruyante, pouls fréquent, mais assez fort. Quelques vésicules sont remplies d'un liquide louche; le malade semble perdu.

9e jour. L'état du malade a changé totalement. Le malade se sent presque bien; la face est en partie dégonflée; quelques pustules subissent la suppuration, mais le plus grand nombre passe directement et sans transition à la dessiccation; la fièvre existe encore, mais légère.

10e jour. *Toute fièvre est tombée*. Persistance de l'amélioration générale. Il n'y a plus aucune bouffissure au visage ni de gonflement aux mains; la dessication généralisée est remarquable par sa sécheresse, sa cornification.

Les croûtes sont confluentes à la face comme étaient les pustules, ainsi qu'aux membres supérieurs et inférieurs. Sur le tronc, les pustules ont été très nombreuses aussi; elles sont restées très petites, bien qu'elles fussent très congestives au début; elles ne sont pas devenues confluentes et laissaient entre elles des intervalles de peau saine.

Le malade se lève et mange avidement.

11e jour. Le malade continue à se lever et à manger avec un grand appétit; il digère et dort bien; la langue est rose et humide.

La peau de la figure a repris son épaisseur normale; les croûtes persistent, sèches et peu épaisses, au front, au nez et sur les pommettes.

12e jour. Convalescence.

13e jour. Guérison complète et sortie.

Dans ce cas, la suppuration ne se fait absolument que dans quelques points ; elle a donc été très légère eu égard à l'abondance de l'éruption et à l'intensité des prodromes. Cependant elle est suffisante pour que M. Rigal rejette ici la forme varioloïde et préfère la dénomination plus large de *variole modifiée confluente*.

La variole, en effet, a eu, dans ce cas, des allures incontestablement très dissemblables de celles qu'elle affecte habituellement ; elle a donc été modifiée dans sa marche.

II. — *Éruption considérée sur les muqueuses.* — Nous avons vu que les pustules, à la surface des muqueuses, apparaissent vers le deuxième et même le quatrième jour de l'éruption. Mais l'évolution y est plus rapide que sur les téguments externes, voir même qu'au visage. Ce développement plus hâtif serait dû, d'après le professeur *Lasègue*, à l'humidité constante et à la moindre résistance des épithéliums. Dans son *Traité des angines*, ce maître nous apprend que les pustules, à la surface des muqueuses, sont rondes, veloutées au toucher, entourées d'une aréole rouge, linéaire (*p.* 51 *et seq.*) ; qu'elles durent en moyenne quatre ou cinq jours, quelquefois moins, qu'elles ne produisent pas d'exsudation, qu'elles subissent une réparation rapide et ne laissent pas de cicatrice.

« Les pustules varioleuses sont disséminées, sans acception de région, aussi bien sur les gencives que sur la muqueuse buccale, que sur les piliers ou le pharynx, et c'est une particularité qu'elles présentent

seules... A l'inverse de la rougeole et de la scarlatine, la *variole est plus cutanée que muqueuse ;* aussi, n'a-t-elle pas sur les muqueuses de localisation spéciale et envahit-elle indistinctement des régions qui n'ont pas les mêmes aptitudes pathologiques, les lèvres, par exemple, ou les gencives et les amygdales.

« Toutes les affections éruptives qui se dispersent ainsi dans la bouche, comme les aphthes qui peuvent servir de type, n'entraînent pas de lésions durables de l'arrière-gorge. »

Nous ne pouvons ajouter qu'une chose, c'est que souvent l'éruption qui se fait à la surface des muqueuses est, soit en plus, soit en moins, ce qui est plus fréquent, fort peu proportionnée à celle qui s'est montrée sur la peau. L'examen direct et attentif de la bouche, de la gorge, est donc indispensable.

Les pustules causent parfois une inflammation considérable de l'isthme du gosier ; les amygdales, la luette, rouges et tuméfiées, interceptent plus ou moins complètement le passage de l'air. Des accès de suffocation ont été la conséquence de la présence de pustules sur les replis sus-glottiques, sur les lèvres vocales elles-mêmes, et l'œdème de la glotte a pu nécessiter la trachéotomie.

Cette dernière ressource vient même à échapper, quand non seulement la trachée et les grosses bronches, mais même les plus petites ramifications bronchiques sont tapissées de pustules ulcérées, ou recouvertes de mucosités sanglantes, ou purulentes, visqueuses ou aérées. La mort a pu arriver, due à une véritable asphyxie, même dans des cas où l'éruption était discrète sur la peau. Nous en avons vu tout récemment un cas dans le service du D\u1d63 Landrieux ; le malade a succombé rapidement et en dépit des soins, noyé pour ainsi dire par les mucosités qui remplissaient les bronches couvertes de pustules. A l'autopsie, on trouva, jusque dans les plus petites bronches, une sorte de pseudo-membrane, jaune, formée de pus jaune, muqueux, très visqueux et très adhérent, qui tapissait complètement la muqueuse aérienne *à la manière d'une couenne* diphthérique.

Le diagnostic de la variole, en tant qu'éruption, est souvent difficile ; il doit cependant être fait avec soin, car, à cause de la contagion, cette erreur de diagnostic est une de celles qui sont le moins pardonnées.

Au début, par un examen superficiel, on peut se tromper en face de roséoles ou d'érythèmes ; mais c'est surtout avec *la rougeole* que la confusion est le plus fréquente. Mais comme les deux maladies sont contagieuses, on éloigne toutes les personnes qu'on veut préserver. Cependant, pour le malade lui-même, il n'est pas sans inconvénient d'être envoyé parmi les varioleux et la nécessité du pavillon d'attente se présente de nouveau. Toutefois le mal est moins grand que l'on pourrait croire ; la confusion de la rougeole et de la variole, au début de l'éruption, de beaucoup la plus fréquente, nous en avons vu plus d'une quinzaine de cas dans le courant de l'année. Or, jamais aucun morbilleux n'a contracté la variole ; ce qui n'est pas un argument indifférent en faveur de l'*incompatibilité des fièvres éruptives.*

Quoi qu'il en soit, en ne considérant que les signes objectifs, on peut dire que dès le début de la variole, la couleur congestive des taches est peut-être moins vive que dans la rougeole ; que les taches sont de grandeur moindre ; que leur forme est plus certaine, et que les maculo-papules de la variole présentent, à

la face et au dos des mains, une certaine dureté qui
fait défaut même dans la rougeole dite boutonneuse.
Enfin, la variole en général débute par la face et par
le tronc.

D'ailleurs, toutes les fois que l'on observera une
éruption dont les caractères généraux ne sont pas
franchement ceux de la maladie qu'on suppose, il y
aura lieu de garder jusqu'au lendemain une sage et
prudente réserve, avant d'affirmer le diagnostic. En
temps d'épidémie, surtout, il faut se tenir en garde
contre ce qui ressemble à la maladie régnante.

La *scarlatine* ne saurait être mise en question qu'à
l'occasion de la variole hémorrhagique, qui a déterminé l'apparition d'un rash hémorrhagique et qui tue
avant l'éruption. Mais nous avons vu que la différence était considérable ; de plus, il n'y a pas de cas
authentique certain de scarlatine maligne, hémorrhagique, observée en France. Tout, dans les observations publiées, milite en faveur de la variole, confirmée encore par l'époque d'apparition de l'éruption, par son siège, par l'absence d'angine, de glossite
terminée par une température moindre, etc. Nous
ne devons ici signaler, que pour mémoire, le *scorbut*.

Parmi les autres maladies fébriles qui ont pu donner
par leur éruption, lieu à une confusion quelconque
avec la variole au début, nous devons encore signaler
la *fièvre typhoïde*.
Dans certains cas, qui sont en général bénins, les
taches rosées lenticulaires sont généralisées et très
nombreuses. Elles sont plus petites, plus isolées, plus
nettes que les macules morbilleuses et se rapprochent
en cela des maculo-papules du 1er jour de la variole.
L'hésitation en effet ne peut durer qu'un jour, et c'est
dans les cas analogues à ceux qui ont tant frappé
Latour, en 1842, où la variole revêt nettement l'as-

pect typhique. Mais les taches se montrent au plus tôt le 7° jour de la maladie, et arrivent tout au plus à la forme papuleuse. Ensuite les phénomènes généraux persistent après l'apparition de l'éruption.

Parmi les éruptions qui peuvent être accompagnées ou suivies d'un mouvement fébrile, citerons-nous les *urticaires*, dont l'apparition est soudaine, la durée passagère, la coloration et l'élevure tout à fait caractéristiques, et dont les démangeaisons si vives contrastent avec l'indolence de l'éruption variolique.

Devons-nous signaler un cas de *miliaire estivale*, généralisées, accompagnées de fièvre légère, et d'un état gastrique assez prononcé? Ces malades n'ont été envoyés du bureau central dans un pavillon de varioleux que par inadvertance, et le diagnostic variole ne pouvait soutenir un examen attentif. Le pointillé miliaire, les *papules de l'érythème*, l'absence d'éruption bucco-pharyngienne, ne peuvent prolonger longtemps la confusion.

Une maladie qui doit nous occuper plus longtemps, c'est la *syphilis*.

Mais, nous dira-t-on, la syphilis évolue lentement, sans fièvre, sans acuité ; une maladie aussi chronique que la *vérole* ne saurait donner lieu à une confusion quelconque avec une maladie fébrile, suraiguë comme la *variole*. La clinique démontre qu'il en est pourtant ainsi.

Parfois, en effet, la vérole secondaire prend des allures d'une acuité extrême.

M. le professeur Fournier a l'obligeance de nous en communiquer un cas fort remarquable. Il s'agit d'une jeune femme qui était entrée dans le service de M. le Dʳ Millard ; elle était abattue, prostrée, sans appétit, souffrait de la tête et de nausées fréquentes. En même temps, la fièvre était très intense depuis quelques

jours et la température oscillait entre 39° et 40°.
M. Millard, dont on connaît la profonde science clinique. pensa tout d'abord à une *fièvre typhoïde*, car,
outre la céphalalgie. sa lassitude extrême et sa sensation de brisement des membres, la malade présentait des symptômes typhiques très prononcés. (Leçons
sur la syphilis, 2° édition, p. 264).

Quelques jours se passèrent; la fièvre et la prostration étaient toujours aussi vives, quand apparut sur
tout le corps une éruption papuleuse tellement soudaine et tellement abondante que M. Millard n'hésita
pas à porter le diagnostic de *variole*. Mais la fièvre
ne diminua pas après l'éruption, les symptômes
typhoïdes persistaient et surtout les papules ne su-
bissaient pas la transformation vésico-pustuleuse.
M. Millard reconnut alors une syphilis, ayant causé
une poussée aiguë. fébrile de syphilides papuleuses
très abondantes, et adressa la malade à M Fournier,
qui confirma ce dernier diagnostic..

M. Fournier nous apprend que les faits où la syphilis maligne s'accompagne d'un cortège symptomatique
aussi intense, aussi éclatant aussi aigu, ne sont pas
absolument rares. Il a d'ailleurs depuis longtemps signalé la fièvre syphilitique secondaire, précédant la
roséole, qui peut être prise alors pour une rougeole
ou pour un rash érythémateux. Nous avons indiqués
ci-dessus les éléments du diagnostic.

Nous rapporterons ici une observation que nous
avons recueillie, cette année même, dans le service
de M. Fournier, à Saint-Louis; ici encore la syphilide
papuleuse, généralisée et fébrile, fut prise par deux
médecins de la ville pour une variole. La syphilis, qui,
chez cette femme débilitée, avait pris une forme maligne
précoce, fut rapidement enrayée par les *frictions mer-
curielles.*

S..., 36 ans, lingère, entre le 24 janvier.

Antécédents strumeux; leucorrhée habituelle; une grossesse à 18 ans. L'enfant est bien portant; pas de maladie antérieure; pas d'affection cutanée.

Il y a quatre mois, infection syphilitique : enflure et ulcération d'une des grandes lèvres. Depuis ce temps la malade ressent de la céphalalgie et une lassitude généralisée très prononcée.

Les premiers boutons remarqués sur le corps ont paru il y a deux mois environ; ils se sont montrés au milieu de symptômes généraux très marqués : exagération de la courbature, de la céphalalgie, inappétence absolue, fièvre très vive, indolence complète de l'éruption, qui rapidement se généralise. Le diagnostic variole fut porté par deux médecins de la ville.

Depuis un mois les papules sont devenues de plus en plus nombreuses et causent des démangeaisons.

Aujourd'hui les papules très fortement colorées, rouges, carminées ou brunâtres selon leur âge, sont aussi nombreuses que dans une variole adhérente.

Sur certains points même les papules se touchent et se confondent. Elles forment des plaques papuleuses ou plutôt des syphilides papulo-tuberculeuses en nappe, infiltrant le derme. La coloration est rouge, ou rose, ou maigre de jambon; elles sont dures au toucher, ne se recouvrent pas par le grattage d'écailles micacées et portent seulement au sommet une petite lamelle épidermique qui leur donne une forme acuminée.

La malade est pâle, fatiguée, faible, très facilement essoufflée, cachectique. La syphilis chez elle est évidemment maligne et consomptive dans une notable mesure. La fièvre n'est plus continue; mais dans la journée la malade a des lassitudes, des accès de somnolence auxquels elle ne peut résister; elle se réveille en sueur: le soir elle a 38° et la nuit elle est en proie à une insomnie qui n'est causée par aucune souffrance. Elle a encore des accès fébriles nocturnes, intermittents, de durée variable.

Pendant trois mois elle a perdu tout appétit; depuis un mois elle a, au contraire, un appétit excessif, plus grand qu'à l'état de santé. C'est la boulimie indiquée secondaire par M. Fournier. Bonnes digestions d'ailleurs et pas de diarrhée.

Frictions quotidiennes avec 6 grammes d'onguent napolitain.

Dès le 4 février l'amélioration était remarquable. Les forces étaient revenues, et l'éruption n'était plus marquée que par des macules violacées ou brunâtres. Les papules se sont affaissées et le processus éruptif s'est absolument éteint.

11 février. L'état général est redevenu excellent ; l'œil est vif et brillant, le regard ferme; la malade a retrouvé ses forces; l'appétit est toujours bon, mais la boulimie a disparu. La malade continuera le traitement spécifique en ville. Elle n'est d'ailleurs pas encore revenue à la consultation (25 mai).

L'indolence existe dans l'éruption variolique comme dans les syphilides.

En général, la fièvre syphilitique n'est pas continue et ne prend pas subitement en pleine santé, ni surtout avec la même ardeur. Il y a de la dépression, de la prostration physique et intellectuelle, ce qui est rare dans la variole où l'on observe surtout de la courbature et de l'épuisement physique. Le processus fébrile évolue avec un fracas moindre dans la syphilis où cependant la torpeur, l'inertie sont plus prononcées et peuvent, dans certains cas, revêtir l'aspect typhique.

Ce n'est pas seulement à l'occasion des éruptions érythémateuse et papuleuse que la *syphilis* peut s'accompagner de fièvre. La pâleur, l'amaigrissement, la lassitude, l'inappétence se retrouvent encore dans les *éruptions ecthymateuses*. Dans quelques cas, les tubercules ecthymateuses se recouvrent de croûtes et ressemblent si fort aux croûtes des pustules de la variole discrète, que l'on peut hésiter quelque temps dans le diagnostic, quand on n'a pas assisté au développement de l'éruption. Il faut alors, pour sortir d'embarras, recourir aux antécédents, aux phénomènes concomitants, à l'absence d'angine pustuleuse, au polymorphisme et aux plaques opalines ou érosives de la syphilis.

C'est encore à ces éléments de diagnostic qu'on aura recours quand la variole et surtout la varioloïde se produiront chez un individu en puissance de syphilis. C'est ainsi que nous avons vu un malade qui fut pris de variole dans le cours d'une roséole spécifique, que nous prîmes, pendant les premiers jours, pour un rash hyperémique. L'éruption de la varioloïde suivit son cours, les vésicules se déchirèrent et la syphilis persista avec ses taches roséoliques et ses papules caractéristiques. Dans certains cas, ce n'est plus la syphilis, mais la variole qui est méconnue.

Le diagnostic est très difficile en effet, quand, comme il arrive si souvent à la consultation de Saint-Louis, on ne voit pas le malade dans les premiers ours. La fièvre a été courte, légère et est tombée; l'éruption s'est montrée, discrète presque toujours, et comme elle persiste quelques jours, le malade vient consulter pour sa maladie de peau. La persistance du rash, les pustules du pharynx et du voile du palais sont bien précieuses alors pour établir la nature des vésicules desséchées ou légèrement croûteuses que l'on trouve disséminées sur le corps.

La difficulté s'accroît encore quand les croûtes sont tombées et qu'il ne reste plus à la place qu'a occupée la pustule qu'une sorte de collerette épidermique, analogue à celle que Biett a décrite pour certaines syphilides papulo-squameuses.

Tous ces faits ne sont ni fantaisistes ni imaginaires; et, depuis le commencement de l'année, il s'est passé peu de consultations où nous n'en ayons pas rencontré.

Enfin, pour terminer l'examen des caractères communs à la variole et à la syphilis, nous mentionnerons encore un cas très remarquable observé cette année encore dans le service de notre maître, M. le Dr Fournier.

P..., 42 ans a contracté la syphilis au Mexique en 1842. On voit encore la cicatrice lisse, blanche, arrondie, sans pigmentation périphérique. Adénopathie inguinale gauche persistante. En 1868, syphilides tuberculeuses du tronc dont on voit encore les cicatrices. En 1870, croûtes au front, à la racine du cuir chevelu. En 1872, malgré le traitement spécifique, réapparition des mêmes lésions tuberculo-crustacées. En 1879, poussées nouvelles occupant la jambe gauche et la face. Il revient cette année pour de nouvelles manifestations. L'état général est très bon ; pas la moindre fièvre.

La poussée nouvelle occupe presque exclusivement la tête, mais occupe tout entière, depuis le cuir chevelu inclusivement jusqu'au cou, où elle s'arrête en collier.

La face est couverte de papules croûteuses, sèches, saillantes, grisâtres ou jaunâtres à la base et jaunâtres au sommet. Elles sont limitées par un derme épaissi, rougeâtre, rugueux, par le fait de l'infiltration du derme par ces syphilides papulo-tuberculeuses ; les croûtes sont plus épaisses et confluentes au niveau des paupières, du nez et des pommettes.

La face tout entière est donc occupée par une vaste syphilide qui est indolente, qui s'est développée sans fièvre, lentement, sans intéresser l'état général, ni l'appétit, sans se généraliser au reste du corps. Le diagnostic est donc facile par les commémoratifs et par la localisation exclusive de l'éruption à la tête. Mais il est vraiment remarquable de voir combien cet homme, quand il est au lit et que sa tête paraît seule hors des couvertures, a la physionomie d'un varioleux arrivé à la période de dessiccation de la forme cohérente.

Quant aux formes très rares, telles que les *syphilides herpétiformes* qui sont disséminées plus irrégulièrement, qui apparaissent par poussées successives, et qui ont été décrites sous le nom de *variole syphilitique*, de même que pour l'*ecthyma superficiel* qui l'a été sous celui de *varioloïde syphilitique*, nous renverrons aux descriptions magistrales (Fournier, *loc. cit.*, p. 302 et 314).

Si nous avons rapporté ces faits c'est pour montrer

combien, dans certains cas, le diagnostic de la variole
serait difficile si l'on voulait ne tenir compte que des
phénomènes *purement objectifs.*

A ce point de vue nous devons dire que lorsqu'on a
vu un certain nombre de varioles, on ne peut pas n'avoir
pas été frappé des différences considérables que parfois
présentent entre elles les éruptions varioleuses développées avec un ensemble symptomatologique à peu
près équivalent. Chez tel malade on trouvera les papules, plates, chétives, étiolées, sans vigueur, presque
avortées. Chez tel autre, l'éruption sera formée de larges
vésicules, élevées, saillantes, pleines de liquide purulent, ou bien nettement ombiliquées : chez celui-ci, les
vésicules seront remplacées par de véritables bulles,
de la largeur d'un pois ou même d'une pièce de 20 cen-
times ; chez celui-là, ce sont des croûtes larges,
épaisses, dures comme celles de l'ecthyma et si dissemblables en vérité des précédentes, que l'on ne
croirait jamais, si l'on n'en avait les preuves irrécusables, que des effets si divers dussent être rapportés à
une seule et même cause et ne sont que les manifestations d'une même intoxication.

On ne peut s'empêcher alors de réfléchir à la base
toute artificielle sur laquelle reposait l'ancienne clas-
sification des affections cutanées en papules, vésicules, etc. Et l'on comprend tous les progrès qu'a fait faire
à la dermatologie l'esprit généralisateur et éminemment clinique de Bazin, qui recherchait toujours la maladie constitutionelle ou la cause diathésique.

C'est précisément parce que l'on a fait abstraction
de la cause efficiente et que l'on n'a considéré que les
phénomènes locaux, que l'on s'est exposé à confondre

avec la varioloïde ou la variole, une poussée soit de *lichen aigu*, soit d'*eczéma à grosses vésicules isolées*, soit d'*acné disséminée*. Tout ainsi a pu prêter à l'erreur, comme nous en connaissons des exemples, depuis l'*érythème noueux* et le *lichen planus*, jusqu'à l'*herpès généralisé* et la *gale pustuleuse et vésiculeuse*. C'est dans de tels cas que rien ne peut remplacer le *coup d'œil* du dermatologiste exercé. Nous mentionnerons encore un fait dans lequel étaient réalisés le type et l'aspect d'une variole cohérente-confluente, à vésicules fines et serrées, inégalement développées, retardées et colorées comme dans les formes hémorrhagiques. Il s'agissait de ce que Neuman appelle la dermatite herpétiforme c'est-à-dire du *lichen planus*.

OBSERVATION.

L..., 30 ans, de constitution remarquablement robuste, a été pris il y a deux mois, sans écart de régime, sans cause appréciable, sans refroidissement, sans lassitude, inappétence, ni fièvre, d'une éruption qui occupait le tronc.

Dans l'espace de huit jours l'affection cutanée, d'ailleurs indolente, se généralisa. Toutefois la figure, les poignets, les mains, les orteils restèrent indemnes. L'éruption s'est montrée d'abord sur le tronc d'où elle a progressivement irradié, mais le tronc tout entier fut envahi en deux jours, tandis que les membres ne furent occupés qu'en huit jours.

L'éruption est d'un rouge brun, d'un rouge vineux avec un reflet d'un rouge sombre; le corps est couvert, comme dans une variole incohérente, de petites pustules fines, brillantes, d'une belle coloration violacée comme à la suite d'une hémorrhagie intra-pustuleuse.

C'est sur les hypochondres que l'éruption est surtout abondante; il y a là une telle confluence que la peau est presque transformée en une plaque épaisse et rugueuse. Les saillies sont très sensibles au doigt. A l'œil on constate une quantité considérable de papules, brillantes, luisantes, vitreuses, comme dit Erasmus Wilson, fines, miliaires, soit isolées, soit confluentes, transparentes ou violacées.

On se croirait au sixième jour d'une variole cohérente hémorrhagique... Cette idée ne peut d'ailleurs naître qu'à première vue et s'évanouit dès qu'on se livre à un examen plus approfondi.

Dans l'*herpès généralisé*, les vésicules sont confluentes, mais par îlots; elles son' plus pleines, plus tendues, plus gonflées par un liquide purulent. Leur confluence forme des plaques, ayant un aspect polycyclique caractéristique, et limitées par une aréole rouge, linéaire.

De plus, elles sont douloureuses.

C'est à dessein que nous avons placé en dernier lieu la *varicelle*, cette maladie qu'on a voulu si longtemps assimiler, ou mieux, identifier avec la variole et qui *en est si différente*.

D'autres plus compétents ont tracé le diagnostic différentiel mieux que nous ne saurions le faire.

La varicelle n'a pour ainsi dire pas de prodromes; la fièvre, la céphalalgie, la courbature sont très légères; l'éruption se montre au bout de quelques heures, parfois si rapidement qu'elle constitue pour ainsi dire le phénomène et que c'est elle qui attire l'attention du malade.

La fièvre, quand elle existe, ne tombe pas d'ailleurs dès l'éruption, car celle-ci se fait en plusieurs poussées successives.

Il n'y a ni rash (à part le cas déjà cité d'Archambault) ni rachialgie; elle se montre presque exclusivement chez les enfants même vaccinés. C'est elle qui a fait croire à ces récidives de la variole après un temps fort court, comme dans le cas de Roger.

La varicelle est presque également disséminée sur tout le corps; elle est à peine plus abondante à la face, les vésicules sont plus également et plus fortement développées et jamais ombiliquées.

La gorge et la bouche peuvent fournir de précieux renseignements.

L'éruption est nettement vésiculeuse, perlée, et forme par la réunion de plusieurs vésicules une ulcération à bords circulaires, mais polycycliques comme dans l'herpès. Mais contrairement à l'herpès, elle peut se montrer à la face interne des joues, aux gencives, à la langue. Ces ulcérations s'entourent d'un cercle rougeâtre et entament une plus grande partie du derme, c'est-à-dire qu'elles sont assez profondes, plus que les pustules varioliques, elles sont transparentes et non blanchâtres comme celles-ci ; dès le début, elles sont vésiculeuses et non pas papuleuses.

Ces caractères suffisent bien pour distinguer ces deux maladies. Nous n'y insisterons donc pas.

Nous sommes arrivé aux périodes de la maladie, où les *lésions essentielles*, nées directement de l'intoxication variolique, sont réalisées, et où le mal est accompli. Ce sont les stades dites de *suppuration*, de *dessiccation* et de *desquamation*.

Les *périodes passives*, où nous n'allons plus rencontrer que des *lésions vulgaires*, sont très graves, puisque c'est pendant leur durée que la variole emporte le plus de malades. Mais si les lésions qui les caractérisent tiennent avec raison une place considérable en clinique, il n'en est plus de même en nosologie ; car elles ne sont plus primitives, mais bien consécutives et proportionnelles aux désordres produits.

L'émonctoire est créé ; dès lors la pustule variolique se comporte à la manière d'une vésicule thapsique ou herpétique, ou même comme une simple écorchure ayant intéressé le derme, c'est-à-dire qu'elle *suppure* pendant 4, 5 ou 6 jours, et qu'elle se *dessèche* en 2 ou 3.

Etant donnée l'idée théorique qui a dirigé ces recherches sur la variole, il nous sera permis d'arrêter là notre travail.

Tel est donc la variole qui se montre chez les *adultes* et chez les adultes vigoureux, de préférence (Hérard). Nous avons vu trop peu de cas pour parler de *celle des enfants* : une variole discrète a causé la mort d'un enfant le 18 mois, par l'abondance de l'éruption. Trousseau la considère comme fatalement mortelle dans les premiers mois. De 2 à 15 ans, les varioles graves sont très rares, grâce à l'influence tutélaire de la vaccine qui est encore manifeste. Pour une raison inverse, la variole est très sévère pour les vieillards. (Russel, Rev. des sc. méd., 1872, p. 681.) Elle sévit également plus cruellement sur certaines races que sur certaines autres, sur les Hindoux et sur les nègres plus que sur les blancs (Robert Bakerwell, Med. Times and gaz., 9 nov. 1872, Rev. de s science méd., p. 678, 1873). Dans l'épidémie que nous avon observée, la proportion relative des *Italiens* est consi dérable (défaut de vaccination et d'hygiène).

M. Broca (18 mai 1880) explique cette différenc par l'absence, chez les populations décimées par la variole, d'ancêtres variolés. Qu'y a-t-il de certain dans cette assertion ? Où est la preuve que la variole n'a jamais auparavant atteint les peuplades ? En tous cas l'immunité relative, signalée ou supposée à l'occasion de la variole, est loin de s'appliquer à toutes les maladies virulentes. Pour la syphilis notamment, M. Fournier a observé des faits absolument en opposition avec cette manière de voir, d'après laquelle un aïeul contaminé aurait au moins la consolation d'être utile à ses descendants. D'autre part, si certaines personnes sont, dans une certaine mesure, réfractaires à la variole, certaines autres ont une prédisposition extrême pour cette maladie. On a vu des individus mourir de la variole après en avoir déjà été atteint plusieurs fois; des nègres notamment furent atteints de la variole deux fois en six mois (Bakerwell, loc. cit.). Mais il est tout à fait exceptionnel de rencontrer un fait analogue à celui qu'a observé M. Roger aux enfants malades : une petite fille âgée de moins de 2 ans, non vaccinée, après avoir eu une éruption très discrète de la variole. a eu. *dix jours après la première éruption*, une seconde éruption confluente et mortelle! M. Besnier (Soc. méd. des hôp., 1870, p. 61) croit, *avec raison*, que la première maladie n'a été qu'une varicelle.

M. Lailler a remarqué une grande disposition à l'acné chez les personnes dont la peau a été tourmentée par la variole.

De la variole salutaire. — Nous venons de passer en revue les ravages que l'intoxication varioleuse produit dans notre organisme.

Un certain nombre de maladies peuvent, comme en compensation de leurs accidents, entraîner chez le patient quelques conséquences avantageuses : le pus blennorrhagique réussit contre le pannus, la vaccine contre le nævus. On a même utilisé la gale et son prurit contre l'apathie de certaines lypémaniaques ou contre la prostration de quelques paralytiques généraux. La variole, à son tour, s'est-elle parfois, comme l'érysipèle, montrée salutaire?

La variole, avons-nous dit, recherche les adultes vigoureux ; elle sera par cela même rare chez les convalescents de maladies graves, typhoïde et autres, et chez les phthisiques. Nous ne l'avons, en effet, observée que trois fois dans ces conditions. Mais il n'y a *aucun antagonisme* entre la variole et ces maladies.

La variole a-t-elle quelque influence sur les érysipèles? Ceux-ci ne se montrent guère qu'au déclin de la variole, à la fin de la suppuration ou bien en pleine dessiccation des pustules. Tout ce qu'on peut dire, c'est, qu'en général, *ils sont alors très bénins* (Cavaré, Thèse de Paris, juin 1880).

Nous avons observé la variole, même cohérente, chez des malades atteints d'affections cutanées.

Dans un cas de *lupus tuberculeux*, il y eut à peine quelques pustulettes au centre, où la cicatrice existait. Sur les bords ulcérés, les pustules étaient très abondantes. A la fin de la variole, le lupus n'était nullement modifié.

Pendant la variole, les *syphilides* se flétrissent, se sèchent, mais ne se guérissent pas. Comme pendant toute maladie aiguë, pendant la pneumonie ou la fièvre typhoïde, la syphilis sommeille ; après la variole elle reprend ses droits.

De même, la variole suspend mais ne guérit point la *gale*; ainsi fait toute maladie grave, aiguë, qui vient surprendre un individu atteint de gale. Tous les symptômes s'atténuent, l'éruption s'affaisse, le prurit s'éteint. La gale semble guérie, tant au point de vue objectif qu'au point de vue subjectif. Mais la gale renaît aussitôt que le malade entre en convalescence; les pustules reparaissent et les démangeaisons reviennent avec la santé. Cependant M. Lanquetin cite un cas de guérison complète par une variole grave. La suppuration, la dessiccation et la desquamation généralisées ont pu réaliser alors le traitement de la gale: toute la couche épidermique est renouvelée et les acares ont été ou tués par le pus ou éliminés avec les croûtes varioleuses.

Toutefois, la Société médicale de Reims (Bulletin, n° 11, 1879) a, dans une discussion récente, rapporté plusieurs cas de *guérison d'affections cutanées chroniques, par la variole :*

« Une petite fille, de 4 à 5 ans, atteinte de *teigne*, fut prise d'une variole grave (mais non pas confluente, comme dit l'observateur, sans quoi la malade fût morte). Sous cette influence qui détermina une véritable desquamation avec épilation (dans les cas ordinaires, nous n'avons pas observé l'alopécie à la suite de la variole), la teigne fut guérie ; la tête devint fort nette et les cheveux commencèrent à repousser. Pendant près de deux mois après la variole, M. Luton ne vit apparaître aucun godet.

M. Galliet mentionne aussi le cas de la disparition complète d'un *eczéma chronique* sous l'influence d'une variole assez grave.

D'autre part, nous avons examiné l'importance de l'ébranlement apporté au système nerveux par la variole, et la part qui lui revient dans la production de certaines paralysies.

Dans un cas, observé par M. Dreyfus (Landouzy, thèse de concours, p. 187) la variole fit disparaître une paralysie préexistante : « Il s'agit d'une hystérique, hémiplégique et hémianesthésique du côté droit, chez laquelle les phénomènes paralytiques disparurent au moment de l'efflorescence d'une varioloïde. »

Ce fait montre une fois de plus qu'il n'est rien qui ne puisse agir sur l'hystérie. « *Febris solvit spasmos.* »

En résumé, les varioles peuvent se diviser :

1° *En varioles entraînant fatalement la mort.* C'est à

cause de ces formes que Trousseau disait de la variole :
« Il n'y a pas de maladie pestilentielle plus terrible ; le
choléra, la fièvre jaune, sont loin d'emporter ceux
qu'ils touchent dans les mêmes proportions. »

2° *La varioles marchant spontanément vers la guérison.*

L'intervention consiste donc :

Pour les premières, dans l'art de saisir les diverses
indications qui se présentent dans le cours de la maladie ;

Pour les secondes, dans une expectation attentive,
dans les bains et dans l'aération.

Les points de la variole les plus importants ont été
très bien résumés par Lorain : *contagion, isolement,
vaccination ;* on doit ajouter *revaccination avec le vaccin
humain.*

Si telle est en effet l'impuissance de la thérapeutique actuelle à enrayer la variole une fois qu'elle est
déclarée, tous les efforts de la médecine ne doivent-ils
pas avoir pour but de la prévenir, de la supprimer ?
De là, *la nécessité de l'organisation en France, de la
médecine publique,* de la revaccination obligatoire, de
l'isolement rigoureux des malades contagieux, à
quelque condition qu'ils appartiennent, de la désin-
fection de leurs habitations, de leurs vêtements, des
voitures, des objets qui leur ont servi.

La suppression des épidémies de variole est à ce prix.

De ce côté, tout est à faire en France ; mais l'insuffisance de la prophylaxie se prolongera autant que
l'indifférence de la loi et que l'inertie de l'autorité. Ce
serait pourtant là *une mesure de salut public!*

CHAPITRE V.

DES COMPLICATIONS DE LA VARIOLE.

Il ne peut rentrer dans les limites d'un travail comme celui-ci de passer en revue toutes les complications qui peuvent éclater à l'occasion et dans le cours d'une variole. Bien peu d'organes, en effet, échappent à son action funeste.

Il n'est pas possible encore de préciser le mécanisme de ces altérations. La question sera-t-elle avancée quand on signalera le pouvoir stéatogène de la variole à titre de poison hématique? Comme MM. Zencker, Hayem, Desnos et Huchard, Brouardel, l'ont montré, les fibres musculaires, le cœur, le foie, les reins subissent la même dégénérescence graisseuse et le processus morbide dans ces cas et sur ces divers organes ont été l'objet de travaux que nous avons déjà cités souvent.

Comment deux varioles de même intensité, chez des sujets de même âge et placés dans les mêmes conditions donneront-elles à l'un une myocardite, un ramollissement du cœur, à l'autre une néphrite et une albuminurie? Le problème ne peut être aujourd'hui résolu. Peut-être les fièvres éruptives n'agissent-elles pour déterminer leurs complications, si fréquemment purulentes, qu'en altérant le substratum anatomique et en affaiblissant l'état général au point de le rendre incapable de réagir contre l'altération du sang et de récupérer sa vitalité? Ici encore, c'est le *locus minoris resistentiæ* qui fera chez chaque malade les frais de la complication.

Dans les épidémies de 1870 et de 1871, MM. Desnos et Huchard, et M. Brouardel, ont constaté de très nombreuses complications cardiaques et les ont étudiées, entre autres points de vue, comme causes de mort subite.

M. Desnos signale des endocardites aiguës, des endopéricardites avec ramollissement du cœur. MM. Coindet et Laveran insistent sur la fréquence des concrétions fibrineuses dans les cavités cardiaques. Nous avons déjà dit que *nous en avions rencontré beaucoup moins souvent*. Les souffles sont fréquents, mais fébriles. C'est la conclusion ausssi de M. Russel (The Glascow medical Journal, nov. 1872) qui, sur 370 malades, n'a observé qu'un seul cas de complication cardiaque, lequel s'est terminé précisément par la mort subite. C'est aussi celle de notre maître et ami M. le Dʳ Landrieux (communication orale).

Dans ces épidémies, les maladies de cœur ont-elles été moins fréquentes qu'elles ne le sont habituellement? Ou bien ont-elles été exceptionnellement communes dans celles qu'ont étudiées les éminents observateurs que nous avons nommés plus haut? Nous ne saurions le dire. Nous devons croire, toutefois, que les irrégularités sont grandes entre les diverses épidémies. Depuis Sydenham, on a eu lieu d'en souvent constater une extrême variété dans les modalités pathologiques de cette même maladie. Ces différences tranchées avaient frappé Sydenham lui-même qui étudia les *petites véroles irrégulières* en 1670, 1671, 1672, et parmi les irrégulières surtout celles de 1674 et de 1675.

Nous nous contenterons donc, dans ce travail, de signaler les complications auxquelles nous avons assisté et de rapporter l'observation des cas qui nous ont particulièrement intéressé.

Obs. I. — Variole cohérente hémorrhagique. — Péricardite. — Endartérite. — Endocardite végétarte.

T... (Joséphine), 26 ans, vaccinée dans l'enfance, non revaccinée, entrée le 10 avril.

1er jour. 7 avril. Frissons, céphalalgie, douleur intense dans la région précordiale, rachialgie, anorexie, pas de sueurs.

2° jour. Un peu de faiblesse des membres inférieurs; nausées et vomissements très bilieux. Vomitif administré en ville.

3° jour. Les prodromes continuent. Ceux qui dominent sont la douleur précordiale, devenue épigastrique, et une douleur occipitale exagérée par la toux qui est assez fréquente; yeux rouges et larmoyants; purgation; peu d'appétit.

4°, 10 avril. Ce matin, l'éruption a apparu. La malade entre à l'hôpital dans l'après-midi. L'éruption est papuleuse, occupe la face, la poitrine, le ventre et les membres inférieurs. La face est rouge et érythémateuse, les pommettes surtout. Le bord libre des paupières est très rouge; les yeux toujours larmoyants. Photophobie. Les lèvres sont fuligineuses; la langue est couverte d'un enduit blanc jaunâtre; la langue est constamment remplie de mucosités et de salive.

Persistance de la céphalalgie, des nausées, de la rachialgie, de la toux; pas de nausées.

La malade est anxieuse; elle s'inquiète de cet état de malaise si prononcé et de la sensation intime d'un épuisement profond. La respiration est fréquente et semble pénible. Ses règles en avance de quinze jours apparaissent.

T. ax. 40. T. vag. 40,3. P. 122.

11 avril. L'éruption s'est accentuée; elle existe aujourd'hui sur les membres inférieurs. La face est toujours excessivement rouge; langue très sale. Angine intense. La malade ne peut rien prendre. Nausées à chaque accès de toux; céphalalgie persistante; rachialgie moindre; peau brûlante; quelques frissons; rien au cœur.

Matin, Temp. ax. 39,3; vag. 39,6. P. 92. Soir, 39,0, 40. P. 120.

Le 12. En examinant l'éruption on rencontre aux cuisses et au ventre quelques vésicules plus grandes que les autres dont le centre est bleuâtre, mêlé de carmin, d'une coloration violacée très belle.

T. ax. 38,6, vag. 38,7. P. 112.

Le 13. Face toujours excessivement rouge; gonflement intense. A la vue, il semble qu'il n'y a pas d'éruption. Au doigt on a la sensation d'une peau chagrinée.

Sur le reste du corps l'éruption papulo-vésiculeuse prend de plus en plus une teinte bleuâtre.

La malade est épuisée, abattue, peut à peine parler; la bouche et les lèvres sont couvertes d'un enduit brunâtre; odeur fétide de l'haleine; ecchymoses sous la conjonctive oculaire, des deux côtés. Céphalalgie persistante; angine très pénible; les règles coulent toujours.

Matin, T. ax. 37,5; vag. 3,78. P. 104. Soir, T. a. 37,7; v. 38,2. P. 108.

Le 14, 8e jour. Les vésicules violettes et les suffusions sanguines colorent maintenant toute la peau, même celle de la face, où jusqu'à présent rien n'était apparent.

Etat général bon.

Le 15. L'éruption est vésico-pustuleuse. Les pustules sont affaissées. Les larges ecchymoses des [paupières se décomposent et prennent une teinte verdâtre. Les yeux disparaissent sous le gonflement palpébral; les narines sont oblitérées; la malade ne peut faire entendre un mot. Elle n'a aucun délire et répond par signes aux questions.

Soir, T. ax. 37,2; vag. 37,5. P. 124.

La malade succombe dans la nuit.

Autopsie — Corps couvert de pustules, confluentes à la face, discrètes sur les membres.

Plèvres. — Pas de liquide, mais adhérences nombreuses récentes.

Péricarde. — Quelques fausses membranes commençant à la partie postérieure de l'oreillette gauche.

Cœur. — Rien aux valvules sigmoïdes de l'artère pulmonaire. Quelques caillots noirs dans le ventricule droit. Valvules aortiques un peu indurées à leur base. Gonflement de leur partie moyenne. Plaques gélatiniformes à l'orifice de l'aorte. Bien que le myocarde ne soit nullement malade, la valvule mitrale est bordée dans son pourtour par des points durs, rougeâtres, qui semblent d'origine très récente; véritable bourgeonnement de l'endocarde.

Poumons. — Fortement congestionnés. Pas de tubercules.

Foie. — Gras; congestion du centre du lobule.

Reins. — Jaunâtres dans leur portion corticale. Un peu de congestion au niveau des bords des pyramides de Malpighi.

Rate. — Normale.

Utérus. — Présente des adhérences, traces de pelvi-péritonite ancienne. La malade avait fait une fausse couche il y a trois ans.

Ovaires. — Sains.

Cerveau. — Méninges un peu congestionnées et œdémateuses. La dure-mère est très adhérente au crâne. La substance cérébrale ne l'est nullement à la pie-mère et la décortication est facile. Pas d'ecchymoses méningées. Léger épaississement des méninges au niveau du bulbe. Piqueté très net de la substance cérébrale. Dilatation très nette des ventricules latéraux.

Les pustules ne dépassent pas le quart supérieur de l'œsophage. Rien à la surface de la muqueuse gastro-intestinale qui puisse être considéré comme une éruption. Légère vascularisation de la couche séreuse.

Quelques autres malades ayant présenté de l'oppression précordiale, des palpitations, un pouls fréquent, fort et vibrant, un souffle à la base et au premier temps, furent guéris en quelques jours, par la simple application d'un vésicatoire.

Nous rapporterons plus loin l'observation d'une endopéricardite survenue dans le cours d'une variole devenue hémorrhagique deux jours après un avortement à deux mois.

Nous avons déjà parlé, quand nous avons traité de l'anatomie pathologique de la variole, des altérations qui surviennent dans les plèvres et les poumons, au moment où une éruption abondante supprime les fonctions cutanées et où un état général grave favorise, dans le parenchyme pulmonaire, les noyaux apoplectiques, les infiltrations sanguines que l'on peut rencontrer dans tous les autres organes. Nous ne reviendrons plus sur les pneumonies soit franches, soit lobulaires, soit très étendues et suppurées. Nous rapporterons seulement ici l'observation d'une jeune malade non vaccinée, qui fut atteinte dans la *convalescence d'une variole discrète, d'une pleurésie purulente.*

Obs. II. — Variole discrète. — Convalescence. — Appareil fébrile brusque et violent. — Pleurésie purulente. — Six thoracentèses. — Affaiblissement graduel. — Fièvre hectique. — Empyème. — Mort.

Cette complication eut un début brusque, fébrile, avec un aussi grand éclat symptomatologique que s'il se fût agi d'une pneumonie : frisson violent, subit, point de côté très douloureux, 40° de température axillaire.

La malade était en pleine période de dessiccation et commençait à manger. Elle n'avait plus de fièvre. Elle se levait quelques heures par jour, mais ne sortait pas de la chambre. Sous quelle influence fut-elle prise de pleurésie?

Le pavillon en bois où se trouvaient les varioleuses de Saint-Antoine présentait de nombreuses ouvertures accidentelles, tenant à la vétusté des baraquements. L'une d'elles se trouvait près de la malade, couchée au lit n° 4. A-t-elle été refroidie? Nous ne saurions l'affirmer. Quoi qu'il en soit, nous la trouvâmes un matin en proie à une fièvre très vive, à une dyspnée considérable, se plaignant d'un point de côté et ayant eu deux vomissements bilieux (24 mars) et de la diarrhée.

L'auscultation démontra l'existence d'une congestion intense du lobe supérieur du poumon gauche. L'obscurité du murmure respiratoire, la submatité, l'absence de crachats et de râles crépitants firent juger que le souffle intense que l'on entendait était symptomatique moins d'un noyau pneumonique que d'un épanchement.

8 ventouses scarifiées. Potion morphinée.

25 mars. Diarrhée et dyspnée persistantes.

Pas d'augmentation sensible du liquide. M. Rigal redoute la purulence d'emblée. Temp. ax. 40,4 ce matin.

Julep morphiné. Ventouses sèches matin et soir.

Le 28. Dyspnée toujours considérable. Râles de bronchite généralisée. Toujours pleurésie très abondante, du moins d'après les signes physiques. Ipéca.

Soir. Douleur de ventre dans tout le côté gauche jusqu'à l'ombilic. Pas de ballonnement. Pas de facies abdominal. Plus de vomissement spontané.

T. 39,8.

La diarrhée persiste. La malade a sué beaucoup cette après-midi. Injection hypodermique morphinée.

Le 29. Amélioration notable.

Le 30. Hier la malade a eu de grands accès d'étouffement. Sensibilité latérale gauche du ventre qui est un peu ballonné. Les bruits de cœur sont nets et superficiels. Donc pas de péricardite. Râles de bronchite, surtout à droite. Toux fréquente, fatigante, pénible. Frottements du côté de l'épanchement à la partie moyenne et du côté de la colonne. La malade est très déprimée. Le liquide remplit le 1/3 inférieur de la plèvre.

Le 31. Hier soir les étouffements sont revenus assez forts pour avoir fait redouter une issue fatale. M. Rigal juge nécessaire la thoracentèse, et retire 800 grammes de sérosité louche, certainement purulente.

1er avril. La malade se trouve mieux. Fièvre persistante.

Le 2. Il s'écoule une notable quantité de liquide purulent par le point piqué. La poitrine cependant est sonore. La malade est mieux et n'a plus autant de diarrhée.

Le 4. La fièvre est toujours vive. L'oppression reparaît. Bien que le pus s'écoule toujours un peu par la piqûre thoracique, M. Rigal décide une nouvelle thoracentèse faite à côté. On retire 600 grammes de pus.

Le 5. Respiration plus facile ; fièvre toujours vive ; pas de frisson. Cependant la température étant à 40°, et la malade ayant eu 23 selles fétides dans les vingt-quatre heures, M. Rigal décide l'empyème.

Le 6. Il y a ce matin une détente nette, une amélioration véritable. L'empyème est remis et la malade soumise de nouveau aux opiacés et aux toniques. (3 centig. de morphine en injections hypod.) T. 39,4.

Le liquide diminue. Le souffle est toujours fort, mais la matité et l'obscurité du son sont moindres ; il existe beaucoup de râles,

mais ils s'entendent sous l'oreille et se modifient par la toux. Il n'y a
pas eu de diarrhée. Le côté gauche paraît être plus petit que le sain.
Se rétracterait-il déjà ? Sueurs.

Le 12. Une nouvelle ponction est jugée nécessaire. On retire un
litre de pus plus épais que les précédents. Il faut noter que le bruit
respiratoire n'avait pas complètement disparu. Après la ponction, il
est plus fort ; il est redevenu très net. T. 39,8.

Le 13. La malade n'a plus de sueur ni de dyspnée. Elle tousse
cependant beaucoup; la toux est pénible, quinteuse, sèche. T. 38,2.

Le 16. Quatrième ponction faite par les anciens orifices de l'aiguille. On retire deux litres de pus. La respiration s'entendait cependant bien dans le point perforé. La matité, le souffle, l'état général ont été les seuls guides. T. 39,4.

Le 20. On constate tous les signes d'une reproduction de liquide,
mais ni rapide ni abondante. T. 38,2.

Le bruit respiratoire s'entend partout, mais affaibli. La malade
vomit parfois à la suite de toux. Pas de dyspnée ; pas de diarrhée.
Pâleur et maigreur. Sueurs abondantes. M. Rigal espère encore la
guérison sans être obligé de recourir à l'empyème.

Le 24. Depuis plusieurs jours la malade a 38° de temp. le matin,
40° le soir. Pas de frisson. Sueurs la nuit. Le côté gauche est plus
aplati d'avant en arrière; il est moins globuleux, mais il paraît plus
élargi. Toutefois le périmètre total de la poitrine étant de 70
centimètres, le côté sain est de 36 et la malade de 34.

25 avril. Une cinquième ponction fait sortir un litre et quart de
liquide très purulent. Pas d'odeur, pas de lambeaux sphacélés. A la
fin de la thoracentèse, il s'écoule du sang pur qui se coagule immédiatement.

Le 29. La diarrhée est arrêtée depuis hier. La malade tousse
toujours ; elle vomit à la suite des accès de toux ; elle sue abondamment la nuit. Elle est maigre et pâle; cependant elle mange avec
assez d'appétit et la langue est rose et humide. Par les anciennes
piqûres il s'écoule pendant la nuit du liquide qui forme sur la che-
mise de larges taches jaunes.

Le 30. L'écoulement purulent continue assez abondamment.

Le 1er mai. La malade n'a plus de diarrhée ; elle mange assez
bien ; un vomissement ce matin ; encore quelques sueurs.

Le vomissement ne s'est pas renouvelé. La toux est toujours fréquente. T. 38 le soir.

Le 8. A la mensuration bi-palmaire, le côté sain paraît toujours très dilaté. Jusqu'à l'épine de l'omoplate, la respiration est obscure et mélangée de râles superficiels à timbre sec. Depuis l'angle de l'omoplate jusqu'à la base du poumon, le bruit respiratoire persiste mais très affaibli. On y perçoit aussi des râles très secs. Dans la fosse sous-épineuse, il existe un certain degré de sonorité relative jusqu'à deux travers de doigt au dessus de l'angle inférieur de l'omoplate. A partir de ce point matité absolue.

En avant. Dans toute la région axillaire, matité relative très notable mais non absolue. Sous la clavicule, sonorité tympanique, dans la hauteur de trois travers de doigt. Au-dessous, dans toute la région précordiale, matité relative.

Les battements du cœur sont perçus à l'épigastre, au niveau de l'appendice xiphoïde; on les entend encore, mais très faiblement à droite du sternum, dans le cinquième espace intercostal. La déviation du cœur paraît nette et persistante, et les battements se font sous le sternum.

Le centre d'auscultation est sous-sternal; mais le maximum des bruits du cœur occupe le bord gauche du sternum.

Respiration forte, puérile, mélangée de quelques râles muqueux sous la clavicule gauche. Respiration assez obscure dans les régions axillaire et mammaire où l'on entend les mêmes râles qu'en arrière.

Donc, il y a encore du pus à la région inférieure, en quantité insuffisante toutefois pour causer l'abolition du bruit respiratoire, qui n'est pas plus que la superficialité des râles, un signe absolu comme on l'a vu plus haut.

Pas de diarrhée. Sueurs nocturnes moindres.

Ce soir un frisson et un vomissement sans toux. T. 40,4.

Le 16. Une tumeur fluctuante s'est formée au niveau des trois piqûres qui sont cicatrisées et qui ne permettent plus l'écoulement purulent.

Souffle au sommet gauche et à l'expiration. Langue rose et humide.

Dans l'aisselle, murmure respiratoire assez net, sans souffle ni râle. Le diaphragme n'a aucune parésie.

Le 18. Ce matin la malade est pâle et fatiguée; elle a encore la peau moite. Les sueurs ont été très abondantes cette nuit.

Il y a de la matité dans les deux tiers inférieurs du poumon gauche; le souffle est très net, plus fort qu'avant hier, dans la région sus-épineuse.

Pas de frisson, pas de diarrhée, pas de vomissement, langue rose et humide, pas de toux plus fréquente. La malade souffre davantage du côté gauche. Un peu de pus s'est écoulé par les piqûres, mais l'écoulement est trop faible pour supprimer la tumeur fluctuante.

Le 20. Les fistules ont été dilatées ; l'écoulement purulent a été abondant ; le souffle a disparu. T. 37,4.

Le 21. L'écoulement a continué. Cependant le souffle a reparu à l'expiration.

30 mai. Depuis une dizaine de jours la malade a présenté le même état général peu satisfaisant : pâleur extrême, sueurs abondantes, toux quinteuse, fatigante, affaiblissement graduel, voix éteinte sans angine, ni laryngite ; pas d'appétit ; quelques vomissements ; pas de frisson ; pas de diarrhée. La malade était traitée par les toniques, 50 centigrammes de sulfate de quinine et 2 milligrammes de sulfate d'atropine.

La sixième ponction est faite ; il sort un litre et demi de pus ; injection d'eau iodée iodurée.

6 juin. La malade a eu hier plusieurs syncopes.

Examen de la poitrine : en avant, sous la clavicule gauche, bruit respiratoire un peu rude (?) mélangé de râles muqueux. Au niveau de la région mammaire, souffle bronchique doux avec quelques rares râles muqueux.

Plus bas, souffle perçu avec peine, murmure respiratoire disparu à peu près complètement.

En arrière : Dans le tiers supérieur du poumon gauche, submatité. Dans le tiers inférieur, matité absolue. Dans la fosse sus-épineuse, respiration normale, à part quelques râles muqueux. A partir de l'épine de l'omoplate, murmure respiratoire presque absent, mélangé de râles pendant la toux, excepté dans le tiers inférieur où l'on n'entend rien.

L'écoulement purulent est toujours abondant, sans odeur.

A droite : respiration pure et normale. Sous la clavicule droite, un peu de rudesse (?) et de respiration puérile, sans matité.

Expectoration muco-purulente peu abondante venant probablement des bronches du côté malade, mais sans perforation.

Tympanisme gastrique ; pas d'abaissement notable de la rate.

Le cœur paraît un peu déplacé vers la droite ; les bruits sont nets, superficiels. A la base, rien ; à la pointe, souffle léger, sans caractère. Le foyer des bruits peut être localisé à l'appendice xiphoïde.

La superficialité des bruits, la perception très nette dans le creux épigastrique, au niveau du rebord costal gauche de la pointe, doit faire rejeter complètement l'idée d'une péricardite.

En résumé cet examen attentif ne permet de prévoir aucune extension de la phlegmasie aux organes voisins. Il n'y a pas non plus d'extension considérable de la poche purulente, dont le contenu s'écoule toujours un peu; cependant abondance notable de l'épanchement pleural. Pas de signes de tuberculose, pas de signe de perforation bronchique, ni de pneumo-thorax. Donc pas de complication et peu d'aggravation. Les lipothymies et les quelques instants de défaillance peuvent s'expliquer par la longueur et la gravité de la maladie. La persistance de l'écoulement, l'absence de résorption purulente, l'absence de complications imminentes ont fait jusqu'à présent retarder l'empyème. M. Rigal croit que l'abondance de la suppuration et l'épuisement de la malade l'obligeront à tenter cette dernière intervention pour tâcher par des injections répétées de tarir la sécrétion purulente ou de diminuer la surface de la poche.

15 juin. M. Rigal pratique l'empyème. Malgré les soins les plus assidus, le traitement le plus tonique, l'installation dans une tente au jardin, la malade ne se rétablit pas. Une fièvre vive se montre quelques jours après.

Le 11 juillet, la malade succombe après s'être graduellement épuisée. La veille, au matin, la température était encore à 40,2; le soir elle descendit à 39,2. Le jour de la mort elle fut de 36,1.

Autopsie. — Le sacrum présente une eschare de la largeur d'une pièce de deux francs. Ascite notable avec liquide clair.

Le foie dépasse de trois travers de doigt les fausses côtes; il est jaune et très fortement graisseux dans son ensemble, il pèse 1,700 gr.

La rate est petite, dure; elle pèse 75 grammes.

Les intestins sont pâles, revenus sur eux-mêmes et présentent au niveau de l'S iliaque des adhérences avec les anses voisines.

La muqueuse intestinale est absolument pâle, saine, mais anémique, sans trace de vascularisations ni d'ulcérations qui puissent expliquer la diarrhée incoercible des derniers jours. Les follicules clos, les plaques de Peyer ont leur aspect normal. L'estomac est petit, étroit, mais nullement altéré.

Les reins ont le volume normal; ils sont pâles, mais non graisseux et la substance corticale, dure et résistante, se laisse décortiquer facilement.

La plèvre gauche est fongueuse, adhérente au diaphragme et aux côtes. La cavité suppurante est large et occupe toute la hauteur du poumon. Des traces de poussées pleurétiques récentes se montrent encore par places sous la forme de caillots fibrineux retenus dans des fausses membranes. Le sommet du poumon ne renferme pas trace de tubercule. Le poumon droit crépite parfaitement. La plèvre viscérale est fongueuse et épaissie dans toute la portion correspondante à la surface suppurante.

Le cœur est petit, mais le myocarde est sain et rouge. Le ventricule gauche est globuleux, en [systole. Les valvules mitrales et aortiques sont remarquablement saines.

Notre maître et ami, M. le D' Landrieux, qui dirige depuis le commencement de l'année un service de varioleux à Saint-Louis, nous communique un cas fort remarquable de *pleurésie purulente secondaire*. Il s'agit d'une malade qui, dans le cours d'une variole grave, fut prise insidieusement de gangrène étendue et superficielle du poumon gauche. Il s'en suivit une *pleuro-pneumonie*, un *pyopneumothorax*, une *pleurésie purulente* et la mort. Cette femme, qui était *enceinte de trois mois*, présenta cette particularité fort intéressante et fort rare *de ne pas avorter*, ni dans le cours ni à la fin de cette variole, compliquée de phénomènes inflammatoires, ayant certainement causé une forte hyperthermie, et assez intenses pour amener la mort.

Nous n'avons assisté à aucune gangrène de la gorge. Les angines que nous avons vues ont été proportionnelles à l'intensité de l'éruption. Un certain nombre, par amas excessif de mucosités adhérentes, par accumulation de produits épithéliaux, ont certainement contribué à l'asphyxie finale, mais celle-ci s'est toujours faite graduellement et lentement ; dans aucun des cas auxquels nous avons assisté, les complications de la partie supérieure des voies aériennes moins importante qu'avant la découverte de la vacn'ont été les seules causes de la mort, et celle-ci n'a pas eu lieu brusquement, comme il arrive, par suffocation, dans la diphthérie ou l'œdème de la glotte. Nous n'avons jamais eu l'indication d'une trachéotomie; M. Cellard (Thèse de Paris, 1874) rapporte un cas d'abcès périlaryngien venant faire saillie dans le larynx et ayant nécessité cette intervention. Cet auteur étudie le rôle des pustules varioliques dans l'*asphyxie laryngée*, qui peut être graduelle, lente ou brusque. L'œdème de la glotte serait à craindre, soit à la première période, lors de la formation des pustules, soit, plus tard, aux infiltrations sanguines sous-muqueuses, soit dans le décours de la variole, à une *nécrose des cartilages*. Nous n'avons rien vu qui annonçât cette dernière complication; il est vrai que nous ne pouvions pas surveiller nos convalescents longtemps après leur maladie.

Nous ne pourrons rien dire, pour la même raison, des *cataractes pointillées* sur lesquelles M. Roméo a attiré l'attention (v. Revue de Hayem). La variole, comme la scarlatine, la fièvre typhoïde et les autres fièvres graves, suivies de convalescences longues, de mauvais états généraux prolongés, comme la leucorrhée outrée (?) et l'anémie par hémorrhagie, peut être suivie, à 4, 5, ou 6 ans près, d'un affaiblissement de la vue, dû à ce vice de la nutrition cristallinienne.

A propos de ces complications secondaires, M. Trœltch, dans son rapport sur les *causes de la surdité*, montre que la variole, par les catarrhes purulents de la caisse qu'elle peut entraîner, joue encore un certain rôle dans la production de cette infirmité. Cette pathogénie doit être rappelée aux médecins, qui, d'après l'auteur, n'en tiendraient pas un compte suffisant, bien qu'elle soit évidemment cine, où les aveugles et les sourds par la variole étaient si nombreux. Pour nous, nous n'avons assisté qu'à un seul cas de fonte de l'œil, par ramollissement de la cornée. Nous avons vu également un cas d'irido-choroïdite, à la période de dessiccation d'une variole cohérente. Cette complication fut rapidement enrayée par des applications de sangsues à la tempe. Très nombreuses, mais passagères ont été les conjoncti-vites qui surviennent même avant toute éruption et indépendamment de toute pustulation conjonctivale. Quelques lotions émollientes les faisaient disparaître et nous ne les aurions pas signalées si, survenant au début de la période prodromique, elles n'avaient pas avec la conjonctivite morbilleuse une analogie sou-vent embarrassante pour le diagnostic. C'est le même larmoiement, la même injection des culs-de-sac in-férieurs, la même sensation de picotements ou de poussière entre les paupières et le globe oculaire, enfin la même photophobie. A la période de dessicca-tion se montre une autre conjonctivite, bien plus grave, parce qu'elle prend et garde souvent une marche chronique; elle est fréquemment la consé-quence des varioles graves et s'accompagne d'érosion, d'injection du bord libre des paupières et de chute partielle ou générale, souvent définitive, des cils.

Dans certains cas légers, un collyre au borax ou le sulfate de cuivre en venaient à bout; le plus grand nombre persista, prenant l'aspect des blépharo-con-jonctivites, d'origine strumeuses, et attestant le trau-matisme que l'éruption ou les croûtes avaient fait su-bir à ces organes protecteurs de l'œil. M. le Dr Bla-chez, notre maître, a déjà insisté sur ces complications conjonctivales de la période de dessiccation (gaz. hebd. p. 6, n° 1, 1871).

Nous avons déjà dit combien, pendant l'épidémie que nous avons observée, l'albuminurie s'est rarement montrée, fait déjà signalé par Martin-Solon, Rayer, Becquerel et confirmé plus récemment par M. Jaccoud. Nous ne l'avons que rarement trouvée pendant l'évolution de la maladie ; et d'autre part, pendant la convalescence, certaines infiltrations œdémateuses subites et considérables des membres inférieurs, des bourses de l'abdomen, des plèvres, des paupières même, nous ont fait rechercher souvent et avec soin l'albumine dans les urines de nos convalescents, sans jamais l'y rencontrer. Nous ne pouvons rapporter qu'une seule observation de néphrite franchement due à la variole. Ce résultat est en opposition avec ceux de MM. Cartaz et Scheby-Buch ; il n'en est pas moins l'expression de la certitude pour ce qui concerne l'épidémie de 1879, à l'hopital Saint-Antoine : Pour nous, l'albuminurie est aussi rarement que le délire le symptôme et le fait de l'infection variolique. M. Scheby-Buch l'a trouvée 123 fois sur 720, c'est-à-dire dans la plupart des cas graves, alors même qu'il n'y a pas eu d'hématurie. D'après cet auteur, l'albuminurie apparait pendant la période d'invasion ou d'éruption et disparait avec le stade d'acuité. Rarement, elle survient pendant la convalescence où elle peut amener la mort avec des symptômes de néphrite aiguë ou d'urémie. Le seul cas que nous puissions citer de néphrite épithéliale aiguë d'origine varioleuse s'est montrée à la période de dessiccation d'une variole très cohérente.

Obs. III. — Variole cohérente abondante. — Suppuration considérable. — Convalescence très longue. — Guérison. — Néphrite parenchymateuse secondaire. — Albuminurie considérable.

8ᵉ pavillon, n° 18. Femme de 40 ans. Variole cohérente. La maladie touche à la confluence secondaire par le développement des pustules au moment de la suppuration. Celle-ci fut très abondante ; la face, les mains, les pieds présentaient de larges soulèvements épidermiques remplis de sérosité purulente. Etat général en rapport avec la fièvre ; la malade résiste à l'asphyxie et à l'épuisement par abondance de suppuration. Les pustules se transforment en croûtes. Jusqu'à la période de suppuration la malade n'avait pas trace d'albumine dans les urines. Vers le douzième jour, un nuage assez abondant se forma. L'albumine était néanmoins assez légère pour pouvoir être considérée comme le fait d'un trouble fonctionnel et la conséquence de la gêne de l'hématose. Cependant la présence constante de l'albumine était d'un fâcheux pronostic. La malade eut pendant plusieurs jours le corps couvert d'un épais enduit puro-crustacé. Le pouls pendant tout ce temps resta fort, régulier, mais fréquent ; la langue humide ; la dyspnée et le délire assez légers.

La rachialgie n'avait rien présenté de notable, et alors même la malade ne souffrait nullement des reins. Elle supporta cette épuisante suppuration et arriva à force d'alcool et de toniques à la période de dessiccation. Celle-ci commença le dix-septième jour et fut très lente Sur les entrefaites, la malade, très pâle, très affaiblie, fut prise de douleurs de ventre, de coliques, d'envie de vomir et de diarrhée. Un vomissement porracé. Pas de hernie, pas de péritonite.

Le lendemain on constatait un œdème considérable de la totalité du corps (membres inférieurs, membres supérieurs, face, abdomen) ; la blancheur de la peau était extrême, à reflets presque transparents, interrompus seulement des taches brunâtres, vestiges des pustules varioliques. L'albuminurie avait d'ailleurs augmenté de quantité et surtout de densité, et formait au fond du verre de véritables flocons. La teinte blanche et l'œdème subit et étendu imposaient l'idée d'une néphrite parenchymateuse secondaire à la variole, les coliques et la diarrhée ainsi que le vomissement, pouvant être considérés plutôt comme des phénomènes urémiques que comme le fait d'une résorption putride ou de l'épuisement consécutif à l'abondance de la suppuration.

Les urines d'ailleurs étaient peu colorées, légèrement troubles, avaient la couleur du bouillon de veau ; d'autre part, le dépôt albumineux prenait de plus en plus de consistance, de poids et d'étendue; il était formé d'une albumine lourde, épaisse et remplissait en grande partie le tube d'un coagulum blanc et compact.

Quelle que soit la cause à laquelle on attribue cette néphrite épithéliale, elle était absolument constituée, confirmée, indiscutable. Était-elle le fait de la variole elle-même, d'un état irritatif, congestif, des épithéliums canaliculaires ? Y eut-il à leurs dépens une desquamation comparable à celle de la peau? Ne faut-il voir dans cette maladie que le résultat d'une gêne prolongée de l'hématose et de la suppression complète des fonctions cutanées ? Le fait certain, c'est l'oblitération profonde du parenchyme et particulièrement des épithéliums du rein.

La malade est soumise au régime lacté exclusif, qui remplace le régime tonique prescrit d'habitude aux convalescents.

M. Rigal lui donne de plus des bains de vapeur, des pilules de tannin et 20 centigrammes de fuchsine en potion.

Les coliques et le péritonisme, signalés plus haut, n'ont pas eu de suite; mais la malade est toujours d'une faiblesse extrême; elle a, pour cette raison probablement, les pleurs d'une facilité excessive.

Dix jours après l'albuminurie n'était nullement modifiée ; la malade fut reprise alors de vomissements de matières verdâtres, porracées, colorées en blanc par du lait récemment ingéré.

La persistance de ces vomissements sans fièvre et sans autre symptôme, leur disparition brusque, leur retour de temps en temps, par accès, les font considérer comme des vomissements urémiques.

L'albuminurie datait de la fin de février 1879. Au mois de mai, elle n'était que très légèrement modifiée. La malade eut à cette époque une première attaque de dyspnée excessivement intense et rebelle : ventouses, éther, bromure de potassium, sinapismes échouèrent pour la calmer. Le troisième jour seulement elle céda à des inhalations d'oxygène et aux injections de morphine.

La malade dans l'espace de cinq mois eut deux autres attaques de dyspnée et trois accès de vomissements. Au mois de décembre 1879, l'albuminurie était considérablement diminuée, mais de l'encéphalopathie fréquente, des vertiges intermittents, des œdèmes passagers et l'extrême pâleur du teint montrent encore combien cette femme est encore gravement malade.

Toussaint Barthélemy.   15

CHAPITRE VI.

APPAREIL GÉNITAL.

(*Variole puerpérale et fœtale.*)

Les divers retentissements de la variole sur les *organes génitaux* ont particulièrement attiré notre attention.

I. — *Chez l'homme*, ils ne présentent qu'un intérêt médiocre. Ils sont sous la dépendance soit de l'éruption, soit de l'état général.

L'éruption est parfois assez abondante sur la verge, sur le gland, pour donner lieu à une sorte de *balanite*. Le scrotum parfois devient très tendu, très tuméfié. Mais l'éruption s'y comporte d'ailleurs avec ses modalités habituelles.

Dans un cas de variole cohérente-confluente, où le malade a succombé vers le 12ᵉ jour, avec des phénomènes de septicémie (délire violent, frisson) et d'asphyxie, nous observâmes vers le 7ᵉ jour, l'apparition d'un *sphacèle* assez étendu occupant le scrotum et le fourreau pénien.

Dans deux cas, nous avons observé *l'orchite varioleuse.* Cette complication est rare ; il faut d'ailleurs la
rechercher avec soin, car la tuméfaction et l'empâtement des bourses gênent l'examen et dissimulent ou
simulent l'affection. La variole ne donne ni pustulation ni écoulement uréthral ; si une blennorrhagie
coexiste, il est beaucoup plus vraisemblable de lui attribuer l'orchite [qu'à la variole. Les orchites varioleuses que nous avons observées sont nées sous nos
yeux, sans blennorrhagie préexistante, et dans des
cas de variole cohérente. Elles ont apparu l'une le
6° et l'autre le 7° jour de la maladie, et le lendemain
du jour où l'éruption s'était vésicularisée *sur le corps.*
Les malades eux-mêmes ont attiré l'attention sur ce
symptôme insolite et sur leur scrotum lourd et douloureux. La tuméfaction de la peau n'était pas suffisante pour empêcher de bien isoler le testicule et de
le trouver volumineux, dur et sensible à la pression.
Le gonflement portait plutôt sur le testicule que sur
l'épididyme ; peut-être ces phénomènes répondent-ils
plutôt à une simple vaginalite qu'à une lésion plus
profonde. L'orchite se montra dans les deux cas uni-
latérale. Elle disparut d'ailleurs l'une le 9°, l'autre le
14° jour. Nous n'observâmes chez ces malades aucune
métastase sur la région parotidienne. Mais nous avons
assisté trois fois au *gonflement parotidien primitif.*
La tuméfaction était manifeste, bilatérale, douloureuse à la pression, à la mastication, facile à séparer du gonflement parfois considérable des joues.
C'est encore au moment où l'éruption s'est effectuée,
quand les vésicules blanchissent, que le gonflement
parotidien est survenu. C'est à ce moment que le gonflement de la face et l'empâtement des joues sont le
plus accentués ; mais cet empâtement fait tomber les

joues, qui s'affaissent sous les angles de la mâchoire et donnent à la face une apparence quadrangulaire. Le gonflement et l'empâtement sont d'autant plus prononcés que l'on examine les points les plus déclives et que le malade s'est tenu couché d'un côté plus que de l'autre. Rien de tout cela n'existait dans ces fluxions parotidiennes qui semblent bien répondre au même processus que les fluxions vaginales et péritesticulaires que nous signalions plus haut. Le gonflement était symétrique, ne se déplaçait pas par le décubitus, occupait la région pré-auriculaire, empiétait sur la joue, s'étendait jusqu'à la partie moyenne de la branche montante du maxillaire, sans dépasser l'angle de cet os, et causait de vives douleurs surtout dans l'oreille. Toute cette symptomatologie ne peut guère s'appliquer qu'à une fluxion parotidienne, passagère, durant trois jours au plus, se terminant par *résolution graduelle*, et sans aucune substitution scrotale ou testiculaire; ne sont-ce pas cependant là des *oreillons varioliques?* Sans doute, les vrais oreillons sont loin de toujours donner lieu à des métastases ou d'en être eux-mêmes les effets. Mais si un fait de ce genre était bien établi dans la variole, il fournirait un intéressant enseignement. Nous appelons donc sur ce point l'attention des observateurs, puisqu'il ne nous a pas été donné de pouvoir l'élucider cliniquement d'une façon certaine.

Nous rapportons ici deux observations qui nous sont communiquées par notre collègue et ami M. Bastard, l'une de gonflement parotidien, et l'autre de vaginalite.

Obs. IV.

D... (Raphaël), modèle. Non vacciné. Contagion de quartier.
Début le 8 octobre. Frissons, céphalalgie.
2e jour. Rachialgie, pas de vomissement.
11 octobre. 3e jour. Constipation. Eruption discrète, marche régulière.
5e jour. Apparition d'une vaginalite très légère. Le malade a un écoulement blennorrhagique datant d'un mois. Est-ce la cause déterminante ?
8e jour. Guérison de la vaginalite.
Le 30. Guérison complète et sortie.

Obs. V. — Variole grave. — Souffle au premier temps et à la base. — Gonflement parotidien. — Guérison.

F... (Clara), 21 ans. Entrée le 3 mai au soir.
Eruption vésiculo-pustuleuse cohérente. Le visage est couvert par places d'un masque noirâtre, entrecoupé de vésicules blanchâtres, inégales, aplaties. Les yeux sont fermés, larmoyants et douloureux; les fosses nasales obstruées, les lèvres noirâtres.
Le 4. Sur le corps l'éruption est très abondante aussi. Rien qui indique la forme hémorrhagique.
Langue sèche, noirâtre, fuligineuse. Angine intense. Selles régulières. Toux et expectoration abondante. Sueurs profuses; insomnie; pas de délire, mais abattement, prostration, angoisses et tendance à l'assoupissement. La malade répond à peine aux questions.
Le 5. Souffle au premier temps et à la base; râles sibilants dans la poitrine. T. 38,4. P. 110.
Les jours suivants la fièvre tombe.
Le 9. Le mouvement fébrile reparaît. T. 39. Ses règles sont arrêtées depuis trois jours. Suppuration partout, excepté sur le visage où il y a dessiccation.
Le 10. T. 39,2. P. 120. La joue droite est très tuméfée. Les yeux sont encore rouges et les paupières bouffies, mais la dessiccation es déjà avancée, principalement sur le nez. La malade souffre beaucoup et se plaint de douleurs vives dans la figure. Il est probable, d'après

l'aspect de la couleur, de la rougeur de la peau et de la tuméfaction s'étendant jusque dans la région mastoïdienne, qu'il se forme un abcès sous-maxillaire droit.

Le 11. Figure couverte de croûtes.

Le 12. Céphalalgie ; fièvre tombée, 36,4 ; figure toujours enflée.

Le 16. La face est en pleine desquamation. Le gonflement du côté droit a graduellement disparu. Pas la moindre collection purulente ; convalescence.

Le 31. Guérison.

Nous avons déjà eu l'occasion de dire que nous n'avions jamais constaté l'existence des pustules varioliques sur les séreuses. Ici donc, nous ne croyons pas pouvoir admettre l'éruption variolique que M. Gosselin a signalée à la surface de la vaginale. Ce que ce professeur a constaté n'est probablement dû qu'à des amas d'exsudats inflammatoires et fibrineux.

Peut-être est-il même permis de supposer que la vaginalite n'est que la conséquence de la propagation de l'inflammation ?

M. Desnos (Soc. méd. des hôp., 1870, p. 165) mentionne l'histoire d'une femme qui fut prise à la période de dessiccation d'une variole discrète, d'une *pelvipéritonite* que l'on pourrait peut-être rattacher à l'extension de l'inflammation d'un des ovaires. Cette interprétation est du reste en tout semblable à celle, donnée par M. Hervieux, de faits analogues et consignés dans la Gazette des hôpitaux (1864). Dans son traité des maladies puerpérales, cet auteur rapporte des faits où l'ovarite était très marquée, mais compliquée de collections purulentes et de péritonite étendue. Sans tenir compte de ces derniers cas qui peuvent être considérés comme des cas de septicémie puerpérale, nous trouvons dans un mémoire de Béraud (Archiv. de médecine, 1859) des observations desquelles il résulterait que la variole prédisposerait à des *ovarites*, caractérisées par une congestion ovarienne intense et par l'existence autour de cet organe de fausses membranes très limitées. Nous ne voulons ici que rapprocher ces ovarites des orchites précédemment signalées, et nous bornerons là nos réflexions sur les effets de la variole sur l'appareil génital de l'homme.

II. — En nous plaçant au même point de vue, les *organes génitaux de la femme*, à cause de leurs fonctions spéciales, menstruation, gestation, etc., prêtent à des considérations beaucoup plus importantes.

Il n'est pas un pathologiste qui puisse aujourd'hui nier l'influence que peut avoir la variole sur la physiologie de l'appareil génital de la femme. Mais il suffit de considérer les interprétations contradictoires des faits observés pour se convaincre que nous sommes encore loin de savoir la vérité sur ce point de pathologie. Nous n'avons pas la prétention de croire que notre travail fixera la question. Un pareil résultat ne pourra être obtenu que lorsque toute la physiologie de l'appareil génital de la femme sera connue; malheureusement aujourd'hui l'obscurité règne encore sur bien des points. Nous nous proposons de rappeler brièvement les principaux problèmes physiologiques qu'à l'occasion de l'appareil génital de la femme, l'étude de la variole pourra soulever. Connaissant le terrain d'évolution de la maladie, nous comprendrons peut-être mieux la nature des modifications que l'infection variolique peut lui imprimer.

L'appareil génital de la femme est constitué par deux glandes, les *ovaires* situés dans les ailerons postérieurs des *ligaments larges*; par deux oviductes, connus sous le nom de *trompes de Fallope*, qui viennent s'aboucher dans une cavité unique, l'*utérus;* enfin par le *vagin* et la *vulve.*

Nous allons successivement passer en revue les modifications pathologiques qui, dans la variole, se produisent sur chacune de ces parties.

1° *Vulve.* — Les grandes lèvres, étant formées sur leur bord libre par la peau, sont presque toujours le siège d'une éruption variolique; celle-ci n'affecte d'ailleurs aucun mode d'évolution, et s'y comporte comme sur le reste du tégument externe. Nous devons néanmoins mentionner que, par le fait même de la situation des grandes lèvres accolées l'une à l'autre, et si souvent baignées par des liquides irritants : urine, sueur, mucosités, sang, les pustules varioliques y ont une grande tendance à l'ulcération, puis à l'agglutination. Malgré leur texture molle et la facilité avec laquelle leur tissu cellulaire se laisse infiltrer, nous n'y avons pas observé d'abcès. La muqueuse des grandes lèvres, des petites lèvres et de la vulve proprement dite peut être aussi très congestionnée, irritée, enflammée et rendue douloureuse par l'éclosion d'une pustulation plus ou moins abondante qui donne lieu à une véritable *vulvite variolique.* M. Hérard (p. 28, 1870, Soc. méd. des hôp.) a observé, dans le cours d'une variole grave, un cas de gangrène vulvaire qui s'est terminé par la guérison, bien que cette complication soit plus souvent l'expression du vice de l'état général que d'une lésion locale. Nous n'en avons vu aucun cas; nous rappellerons seulement ce cas de sphacèle du scrotum, que nous avons signalé plus haut et qui fut le début d'accidents mortels.

2° *Vagin.* — Rien de particulier ne se produit sur la muqueuse vaginale. Nous n'avons jamais rien vu qui fût assimilable à une *vaginite variolique.* Les pustules ne dépassaient pas l'orifice antérieur de ce canal. Ici encore elles affectent donc cette disposition en vertu de laquelle l'éruption ne semble pas pouvoir se faire en dehors des points du tégument externe et du tégument muqueux qui se trouve en contact avec l'air et avec l'oxygène, alors qu'au contraire elle se montre d'autant plus abondant que ce contact est plus multiplié et fréquent (face, mains, etc.), la vitalité de la muqueuse vaginale ne nous a jamais paru modifiée en aucune façon dans les différents cas où il nous a été donné de l'examiner.

3° *Utérus et ovaires.* — En voyant la fièvre éruptive coïncider si fréquemment avec un écoulement de sang par le vagin, en voyant cet écoulement se renouveler assez abondamment, parfois quelques jours à peine après l'époque menstruelle normale; en voyant la métrorrhagie apparaître même chez les femmes atteintes d'une aménorrhée datant déjà de plusieurs mois, il nous était permis de penser que la variole devait être, pour la matrice ou les ovaires. la cause d'affections inflammatoires ou tout au moins de congestions ou d'engorgements extrêmes. Vous étions d'autant plus porté à l'accuser que nous nous souvenions des précieux enseignements de notre maître,

M. le Dr Martineau, qui bien souvent nous a montré, sur la muqueuse utérine le retentissements de poussées diathésiques et éruptives beaucoup moins graves que la variole, l'eczéma ou l'herpès par exemple. La muqueuse utérine en effet, n'est-elle pas beaucoup trop importante pour être oubliée pour ainsi dire par une maladie généralisée, ou une fièvre éruptive qui crible de ses manifestations la muqueuse de la bouche ou celle du pharynx? Il n'en est rien cependant et nous n'avons jamais rien rencontré qui pût mériter le nom de *métrite variolique*. Sans avoir pu constater d'ovarite, née de la variole, nous avons précédemment mentionné les cas rapportés par les observateurs et nous avons signalé l'origine varioleuse que semble leur attribuer M. Desnos en particulier. Que ce soit par l'action spéciale du virus ou par l'hyperthermie qu'entraîne l'infection variolique, le fait certain est que la variole retentit profondément sur l'utérus et sur l'ovaire et qu'elle détermine un fonctionnement pathologique de l'appareil génital.

Mais d'abord, *quelle est la physiologie de l'appareil génital?*

Au point de vue génital, la vie de la femme peut être partagée en trois périodes :

A. — Avant la puberté.

B. — De la puberté à la ménopause.

C. — Après la ménopause.

A. — *Avant la puberté*, rien de bien important ne se produit du côté de l'appareil génital de la femme. Les vésicules de Graaf ne subiraient que peu de modifications et aucun ovule n'arriverait à maturité. A peine cependant l'enfant vient-il de naître, qu'on peut voir un certain degré d'activité se produire dans les ovaires et quelques vésicules augmenter de volume.

C'est là un phénomène intéressant qui était connu depuis bien longtemps et qui avait été rapproché d'un ait analogue se produisant dans les testicules e télevenant quelquefois l'origine d'orchites légères qui disparaissent rapidement sans laisser de traces.

Mais plus l'enfant approche de l'époque de la puberté qui, on le sait, varie beaucoup suivant les races, les aliments et les conditions sociales, plus la fonction ovarienne est susceptible de stimulations. Dans ces conditions une influence minime pourra amener le développement parfait d'une vésicule de Graaf et la pointe d'un ovule, avec laquelle coïncidera l'hémorrhagie utérine qui a reçu le nom de règle ou de menstrue.

B. — On peut dire que ce n'est guère que pendant la période qui s'étend *de la puberté à la ménopause*, que la vie génitale a lieu. Ce qui la caractérise en effet, c'est pour le physiologiste la ponte ovarienne et pour le médecin, la menstruation. Quel rapport existe-t-il entre la menstruation et l'ovulation ? Ce problème est bien difficile à résoudre, dans l'état actuel de nos connaissances, d'une manière absolue ; à peine nous paraît-il possible de formuler quelques conclusions probables. Dans un travail de la nature de celui que nous avons entrepris, il serait hors de propos d'essayer seulement de passer en revue toutes les questions que soulèverait la solution de ce problème ; il y a lieu cependant de définir d'une manière précise ce que nous entendons par règle ou menstrue. En effet, dans cette étude de l'influence de la variole sur l'appareil génital de la femme pendant la période active, nous aurons à placer au premier rang les hémorrhagies utérines et nous verrons combien les auteurs divergent d'opinions quand ils arrivent à l'interprétation des faits observés (Gubler, Obermayer, etc.). Ces hémorrhagies sont-elles des règles ? Ces hémorrhagies sont-elles le résultat d'une modification inflammatoire de la muqueuse utérine sans corrélation aucune avec la menstrue?

Pour nous, il faut donner et réserver le nom de *règles* à des hémorrhagies utérines qui se produisent d'une façon intermittente et périodique qui ne paraissent peut être pas liées à la fonction ovarienne par un lien direct d'effet à cause, mais qui coïncident avec l'ovulation.

D'autre part, durant cette même période se place la grossesse. Nous aurons donc à étudier quels sont les accidents auxquels peut donner lieu la variole pendant la puerpéralité.

Pendant cet état, en effet, il n'est pas comme l'a fort bien dit M. Tarnier, une seule cellule de l'organisme maternel qui ne soit profondément modifiée. La femme enceinte est un être particulier qui a sa physiologie spéciale et dont les maladies revêtent par suite des caractères spéciaux qui expliquent les détails que nous lui consacrerons dans cette étude de la variole.

Pour plus de clarté nous subdiviserons cette partie de notre travail en deux autres :

1° La grossesse pendant laquelle tout l'organisme éprouve un accroissement de vitalité en rapport avec la nutrition du fœtus auquel il doit fournir tous les éléments de vie et de développement, aliments, oxygène, etc.

2° Les suites de couches auxquelles bien à tort, on a voulu réserver le nom de puerpéralité et pendant lesquelles se produit un mouvement de retour vers l'état normal ; rapide si la femme n'allaite pas, se continuant au contraire jusqu'à la fin de la lactation dans les cas où la femme est nourrice.

C. — A la période de suractivité utéro-ovarienne, succède la *ménopause* pendant laquelle la vie génitale semble éteinte chez la femme et dont le début est le plus souvent indéterminé. Alors cesse la fonction ovarienne qui n'existe plus et ne peut plus exister; l'utérus s'atrophie et subit dans ses divers éléments des modifications profondes: sa muqueuse même si sensible et si délicate pendant la précédente période devient méconnaissable au point de vue histologique et semble avoir perdu toute excitabilité au point de vue physiologique. Cet état est bien différent de celui qui précède la puberté, bien que certains auteurs, frappés seulement de quelques analogies superficielles, aient voulu identifier ces deux stades. En effet, des recherches de M. Slavianski (Archiv. de phys. 1875) il résulte que, depuis la naissance jusqu'à la puberté, les ovaires ne restent pas sans subir des modifications importantes. Il rapporte en effet, ce qui du reste est également l'avis de M. Jackson que, pendant cette période, les vésicules de Graaf se développeraient comme après la puberté. Tous les ovisacs arrivent-ils à un parfait état de développement? Nous n'oserions le prétendre, ne voulant retenir de ce fait que cette conclusion qui nous paraît à l'abri de toute critique; c'est qu'avant la puberté, l'appareil génital est en puissance d'activité et que, par suite, la maladie qui retentit sur toute l'économie pourra produire sur lui des troubles, importants tandis que, après la ménopause, l'appareil génital, étant pour ainsi dire mort, ne saurait être influencé que d'une manière tout à fait lointaine. Nous verrons jusqu'à quel point la clinique confirme les probabilités que permettent de formuler la physiologie et l'anatomie.

Nous venons ainsi d'étudier brièvement l'un des termes du problème, l'agent modifié. Ce que nous avons dit d'autre part nous dispense de revenir ici sur les caractères de l'agent modificateur. Il nous suffira de rappeler que l'infection par le virus variolique, qui porte de si graves atteintes à la nutrition de certains organes et des troubles si complets au fonctionnement de certains autres, peut agir ici soit à la manière d'une *affection aiguë*, soit surtout à titre *d'intoxication*.

A. — Le milieu dans lequel nous avons observé n'était pas favorable à l'étude des modifications imprimées par la variole à l'appareil génital *avant la puberté*. Nous n'avions guère que des adultes dans nos salles ; deux fillettes seulement y ont été admises parce que leur mère étaient en même temps qu'elles soignées de la variole. Nous n'avons rien remarqué d'anormal chez l'une et l'autre de ces malades : la menstruation ne s'établit pas d'une façon prématurée et d'autre part, aucun écoulement muqueux ou leucorrhéique ne vint trahir une poussée congestive quelconque qui se fût faite du côté de l'utérus ou des ovaires. M. le professeur Parrot, qui a vu tant de jeunes malades, ne nous apprend rien de spécial à ce sujet dans les cliniques que nous avons déjà signalées. Il se contente de rappeler l'opinion de Gubler et de M. Obermayer et semble même se désintéresser du débat. Nous n'oserions le trancher par une simple réflexion. Ne semble-t-il pas cependant singulier, si la métrorrhagie, qui coïncide si souvent avec les premiers symptômes de la variole chez l'adulte, n'est qu'une épistaxis utérine, que l'écoulement de sang fît ainsi défaut précisément chez les jeunes malades, c'est-à-dire ceux qui sont le plus sujets aux épistaxis? Or c'est ce qui ressort des diverses communications orales que nous ont faites plusieurs collègues observant dans les services des Enfants malades.

I. *En dehors de la puerpéralité.* — B. Chez la femme adulte en effet qui est atteinte de variole, rien n'est plus exact que la remarque de Gubler: le plus souvent, *les règles sont avancées.* Ce fait admis par de nombreux auteurs (Scanzoni, Vogel, Raciborski, Perroud et Scheby-Bude, 1862) est pour nous hors de contestation possible, tant nous avons eu souvent l'occasion de l'observer. Nous pourrions en rapporter de très nombreuses observations tant parmi les faits que nous avons eus sous les yeux que parmi ceux qui ont été obligeamment mis à notre disposition par notre collègue et ami M. Bastard.

Un fait nous a particulièrement frappé. Une jeune fille vierge, âgée de **22** ans, domestique, forte et robuste, arrive en pleine période d'invasion. Les papules étaient à peine naissantes à la face; l'éruption menaçait d'être abondante, mais non pas confluente. L'état général était grave, mais nullement inquiétant. La maladie n'était accompagnée d'aucun des signes de la forme hémorrhagique; ce fait fut pour M. Rigal et pour nous d'une certitude absolue. Au cinquième jour de cette variole, cette malade n'en fut pas moins prise d'une métrorrhagie extrêmement abondante, en avance de douze jours sur l'époque habituelle. Tous les hémostatiques furent vainement employés; le tamponnement restait comme dernière ressource. Malgré les instances du Dr Rigal, malgré nos tentatives, cette jeune vierge, même prévenue de la possibilité de l'issue fatale, refusa toujours de se soumettre au tamponnement. Elle succomba le lendemain à l'abondance et à la persistance de la perte de sang. L'éruption n'avait fait aucun progrès depuis la veille, et, nous ne saurions trop insister sur ce point, *n'affectait en rien la forme hémorrhagique*. A l'autopsie, nous ne trouvâmes absolument rien. La muqueuse utérine était intacte; l'utérus, sans corps fibreux, de volume normal, mais fortement congestionné, était rempli par un caillot noir du volume d'un œuf de pigeon tout au plus. Les ovaires ne présentaient aucune trace dela maturation toute récente d'un ovule; ce qui donnerait raison à Gubler.

Obs. II.

Alph. 20 ans. Bien portante ordinairement. Règles normales mais douloureuses pendant trois jours, ayant apparu pour la dernière fois du 3 au 6 décembre.

21 décembre. Céphalalgie généralisée. Inappétence, pas de vomissement, pas d'épistaxis.

Soir. Rachialgie apparue, mais non assez forte pour faire cesser le travail.

Le 23. La malade travaille jusqu'à quatre heures. La céphalalgie et la rachialgie ont beaucoup augmenté ; celle-ci occupe la colonne lombaire et dorsale.

Le 26. La malade est forcée de s'aliter; mêmes symptômes. Rash inguinal.

Le 27. Fièvre toujours très vive. Ce soir, réapparition des règles qui sont indolentes mais très abondantes. Rash granité, scarlatiforme.

Le 28. Entrée à l'hôpital. Eruption papuleuse, naissante à la face, apparue dans la nuit. Règles abondantes. La céphalalgie et la rachialgie sont moindres mais persistent.

Variole discrète dont l'évolution n'a plus rien présenté de spécial à noter.

G..., 21 ans, vaccinée dans l'enfance, revaccinée à 7 ans, mais non depuis. Réglée à 11 ans. Menstruation indolente mais toujours irrégulière en apparition et en quantité. C'est ainsi que l'époque se montre tantôt deux fois par mois et très peu, tantôt quinze jours de suite, tantôt huit jours seulement mais très abondamment. Donc métrorrhagie habituelle, précédée ou suivie d'une aménorrhée de trois ou quatre mois. Jamais de grossesse ni de fausse couche ; habitudes vicieuses ; quelques phénomènes nerveux.

La malade au milieu de son travail et dans le cours d'une bonne santé a été prise de céphalalgie, courbature, inappétence et frissons.

Le lendemain seulement apparition de la rachialgie. La douleur occupe toute la hauteur de la colonne et s'étend jusque dans le cou. Pas d'épistaxis. Vomissements fréquents dans les deux premiers jours. Constipation.

Apparition des papules dès le troisième jour. L'éruption est tout a fait discrète ; c'est la face qui présente le plus de pustules, et l'on n'en compte que 29. Cependant, apparition des règles dès le deuxième jour de l'invasion.

Les règles succédant à une aménorrhée de trois mois ont été abondantes, surtout dans les premiers jours, absolument indolentes et ont duré six jours.

Dessiccation des pustules sans suppuration.

Les observations dont le résumé suit nous ont été communiquées par M. Bastard.

IV. — Règles en avance de six jours (T. ax. 38,6), apparues le cinquième jour de la variole discrète, femme de 20 ans.

V. — 30 ans. Variole discrète. Le quatrième jour de la maladie, lendemain de l'éruption, réapparition des règles qui avaient eu lieu à leur époque normale dix jours auparavant.

VI. — 32 ans. Variole discrète. Apparition simultanée de la métrorrhagie et de l'éruption, le troisième jour de la maladie. Règles en avance de douze jours.

VII. — 26 ans. Variole discrète. Trois épistaxis abondantes le deuxième et le troisième jour de l'invasion. Le cinquième jour apparition peu abondante des règles, en avance de trois semaines.

VIII. — 40 ans. Variole discrète. Début le 6 octobre. Le 8 au soir, éruption ; métrorrhagie très abondante du 9 au 13. Les règles ne devaient venir que le 25 octobre. Avance de quinze jours

IX. — 31 ans. Variole discrète. Règles apparues le troisième jour de la maladie avec l'éruption en avance de neuf jours.

X. — 20 ans. Variole discrète. Eruption apparue dès le lendemain soir de l'invasion. En même temps apparition des règles en avance de quinze jours.

XI. — 24 ans. — Variole discrète. Vaccinée deux fois, la dernière fois en 1874 avec succès. Les règles ont apparu au début de la variole en avance de quinze jours.

XII. — 23 ans. Variole très discrète. Apparition des règles le troisième jour, en avance de dix jours sur leur époque normale.

XIII. — 48 ans. Variole discrète. La malade venait d'avoir ses règles ; elles n'ont pas reparu.

XIV. — 22 ans. Variole discrète. Règles survenues le deuxième jour de l'invasion, à leur époque normale, pas plus abondantes qu'à l'ordinaire.

XV. — 21 ans. Variole discrète. Règles normales d'apparition et de durée.

XVI. — 18 ans. Variole discrète. La veille de la maladie les règles, ont avancé de huit jours ; la malade était habituellement menstruée très régulièrement.

XVII. — 19 ans. Variole discrète. La malade, qui a eu ses règles le mois dernier, ne les a pas eues pendant sa maladie, apparue à l'époque menstruelle.

XVIII. — Variole discrète. Les règles durent ordinairement trois jours. Elles arrivent le septième jour de la maladie, en avance de huit jours.

XIX. — Variole discrète. 18 ans. Règles normales de durée et d'apparition. Abcès de la région parotidienne, en même temps divers autres apparus du quinzième au vingt-quatrième jour de la maladie. Ne pas confondre avec la parotidite du début de la période éruptive.

XX. — 16 ans et demi. Varioloïde très légère. Règles apparues en avance de huit jours.

XXI. — 23 ans. Vaccinée, a eu la variole à l'âge de 6 ans. Varioloïde. Règles apparues le troisième jour après trois mois d'aménorrhée.

XXII. — 20 ans. Varioloïde. Apparition des règles cinq jours avant leur époque habituelle.

XXIII. — 36 ans. Varioloïde. Menstruation régulière. La dernière époque remonte à quinze jours. Réapparition le septième jour de la maladie.

XXIV. — 25 ans. Varioloïde. Menstruation normale. Éruption apparue quarante-huit heures après l'invasion. Le quatrième jour de la maladie apparition des règles en avance de six jours. Elles sont abondantes et durent quatre jours.

XXV. — 23 ans. Varioloïde. Menstruation régulière. Les dernières règles ont paru en avance de cinq jours et durent encore au moment du début de l'invasion. Elles se prolongent jusqu'au sixième jour, trois jours après l'apparition de l'éruption.

XXVI. — 18 ans. Varioloïde. Les règles, en avance de dix jours, se montrent avant le début de l'invasion qui semble avoir été assez courte. Elles durent neuf jours.

XXVII. — 41 ans. Variole cohérente. Règles en avant de cinq jours avant le début de l'invasion. Guérison.

XXVIII. — 35 ans. Variole cohérente. Guérison. Règles avancées

de dix jours. Eruption apparue le quatrième jour, le soir. Règles
venues le lendemain.

XXIX. — 32 ans. Variole confluente hémorrhagique. Règles
apparues en avance de quinze jours. Hémoptysie. Pas de métrorrhagie
vraie; écoulement ayant la même intensité que les règles normales.
Cessation des hémorrhagies la veille de la mort qui arrive le dixième
our de la amladie.

XXX. — 35 ans, non vaccinée. Variole confluente non hémorrhagique. Début de la maladie le 8 octobre. Métrorrhagie le 11, apparue
en même temps que l'éruption. La malade perd du sang jusqu'à la
mort qui arrive le 14 octobre, sixième jour. L'utérus renferme plu
sieurs corps fibreux de petit volume; l'un d'eux fait saillie du côté
du péritoine; un autre du côté de la cavité utérine. Les autres sont
interstitiels. Il existe une hématocèle occupant le côté gauche de la
partie postérieure de l'utérus.

XXXI. — 20 ans, non revaccinée. Variole confluente hémorrhagique, avec taches ecchymotiques. Menstrues toujours irrégulières.
Eruption apparue le quatrième jour après de prodromes très violents. Métrorrhagie simultanée. Le troisième jour éruption flétrie.
Abattement. Hémoptysie. Mort le douzième jour. Pleurésie hémorrhagique. Pneumonie lobulaire. Endocardite mitrale. Endartérite.
Hématocèle. Hémorrhagie sous-piemérienne.

XXXII. — 28 ans, non revaccinée. Variole confluente hémorrhagique. Menstruation normale. Prodromes intenses. Eruption après
moins de quarante-huit heures. Dernière époque terminée il y a
quinze jours. Septième jour, hémoptysie, huitième jour métrorrhagie arrêtée le lendemain. Hémorrhagies pustuleuses. Prostration
extrême. Suffusions hémorrhagiques. Mort le douzième jour. Pleurésie sèche récente. Endocardite mitrale apparue le septième jour.
Le bord libre est hérissé de petits points rougeâtres, traces d'endocardite récente. L'ovaire contient un corps jaune, devenu rouge par
hémorrhagie, du volume d'un haricot. L'utérus est un peu gros et
présente un catarrhe de la muqueuse assez prononcé avec quelques
ecchymoses. Larynx couvert de pustules, abondantes aussi sur les
cordes vocales supérieures.

XXXIII. — 31 ans. Non vaccinée. Variole confluente non hémorrhagique. Menstruation arrêtée le deuxième jour de l'invasion. Nausées, constipation ; continue néanmoins à travailler. Apparition des pustules de la face à la fin du troisième jour. Le lendemain réapparition des règles. Dès le troisième jour endocardite aortique. Dessiccation. Dépression extrême de la malade qui meurt le onzième jour.

Nous ne pensons pas devoir multiplier les exemples. Nous avons voulu montrer surtout que l'action ménorrhagipare n'était pas l'apanage des varioles graves. *La métrorrhagie est généralement contemporaine de l'éruption.* Nous avons pu nous assurer qu'elle ne se montrait pas exclusivement chez les femmes atteintes d'affections utérines, et les courbes thermiques témoignent que l'écoulement de sang n'a pas succédé à une hyperthermie ni à une acuité prodromique exceptionnelles.

Ce n'est que dans un cas que l'évolution récente a été rencontrée à la nécropsie. L'absence d'hyperthermie constante dans les cas de « règles avancées » et, d'autre part, l'inconstance de l'écoulement du sang dans tous les cas où la température a été excessive militent contre l'idée d'une maturation précoce d'un ovule.

Tous les auteurs sont ajourd'hui d'accord pour admettre qu'il n'est pas besoin d'une lésion utérine pour produire l'hémorrhagie. La plupart, et entre autres M. Siredey (Dict. de Jaccoud, art. Métror.), pensent que, dans le cas de variole, l'hémorrhagie utérine est toujours légère et n'est guère qu'un suintement sanguinolent. Nous ne saurions admettre cette conclusion à laquelle nous pouvons opposer de nombreuses observations. Les autopsies n'ayant pas montré l'existence habituelle de l'ovulation, on ne peut penser que l'on a affaire à de véritables *règles* dans le sens que les physiologistes s'accordent à reconnaître à ce mot. Devons-nous les distinguer nettement des règles, comme le veut Gubler? Nous pencherions volontiers vers cette opinion tout en ajoutant qu'il est plus sage, dans l'état actuel de la science, de ne formuler aucune conclusion formelle. Car il n'y a encore à ce sujet qu'une chose certaine, c'est la fréquence d'une hémorrhagie utérine, dans le cours de la variole.

II. — *Pendant la puerpéralité.* — Ainsi que nous l'avons déjà dit, nous ne donnons pas comme limite à cet état le moment où la femme vient d'être délivrée, « où le délivre se détache du fond de l'utérus. » Nous croyons devoir y faire rentrer la grossesse, comme le font la plupart des accoucheurs. Nous diviserons ce chapitre en deux parties :

1° Grossesse ;
2° Suites de couches.

1° *De la variole pendant la grossesse*

I. — 21 ans. Pas de chlorose ni de syphilis. Fièvre, courbature, céphalalgie frontale pendant deux jours. Jamais de rachialgie. Eruption dès la fin du deuxième jour. Quelques pustules disséminées ; chute de la fièvre. Dessiccation sans fièvre de suppuration ; varioloïde. Le vingt-cinquième jour de la maladie, cette femme était guérie tout à fait et ne portait plus, non pas des croûtes, mais de simples taches sans cicatrices ; était sans fièvre, sans malaise, sans diarrhée, et n'avait subi aucun traumatisme ni physique, ni moral. Elle est prise alors de douleurs modérées dans le ventre ; elles revenaient toutes es cinq minutes, mais étaient rapides et peu intenses. Le vingt-sixième jour elle commenç à perdre quelques mucosités sanglantes. Douleurs abdominales toujours peu intenses. Lavements fortement laudanisés. Le soir, les douleurs deviennent rapidement très fortes. Les pertes rouges ne sont pas abondantes. La malade fait une fausse couche dans la nuit. Le vingt-septième jour, pâleur légère, pas de fièvre, pas de perte. Ventre très peu gros, peu douloureux. L'avortement a eu lieu au quatrième mois environ et tout d'un bloc. Quelques jours après, guérison complète sans fièvre.

II. — 22 ans. Grossesse de trois mois et demi. Pendant l'invasion, pas de vomissement, bien qu'elle en ait eu pendant tout le deuxième mois de la grossesse. Douleurs jusque dans la colonne cervicale, assez fortes pour empêcher la marche et le travail et pour forcer la malade à rester couchée. « Tout mon mal est là, jour et nuit. » Quelques douleurs abdominales ; pas de pertes rouges. Eruption le troisième jour. Vésicules grosses, acuminées, brillantes, dures, perlées, cornées ; signe d'un pronostic excellent. En effet, varioloïde. La rachialgie n'a passé que le sixième jour. La malade n'a pas eu de menace d'avortement.

Nous pourrions citer plusieurs autres cas où *la varioloïde a été aussi bénigne pour la grossesse peu avancée.*

III. — Grossesse de 8 mois. L'enfant a bien remué jusqu'au huitième jour de la maladie. Variole cohérente simple. Agitation. Accouchement le douzième jour de la maladie. L'enfant est mort une heure après sa naissance ; pas de trace de l'éruption. A partir de l'accouchement, affaissement de la mère qui n'a cependant ni perte, ni frisson. Le lendemain, la malade est de plus en plus déprimée. L'éruption ne fait plus aucun progrès ; les pustules sont aplaties, flétries, plissées. Pas une n'est hémorrhagique. Ventre peu douloureux ; utérus revenu sur lui-même ; pas de frisson. Le soir, pouls très petit, coma, subdélirium, sécheresse de la langue, oppression, cyanose. Mort le quatorzième jour de la maladie et le deuxième jour après l'accouchement sans la moindre trace d'hémorrhagie.

Nous avons donné cette observation avec quelques détails, car elle est caractéristique de ce que nous avons vu souvent se passer dans la variole cohérente puerpérale : *mort de l'enfant qui s'éteint peu à peu quelques heures après la naissance. Mort de la mère* soit un, deux, trois ou même quatre jours après l'accouchement prématuré ou naturel et après l'avortement sans hémorrahagie multiple et par simple sidération nerveuse. C'est *ce phénomène remarquable qui semble en effet dominer la variole puerpérale* : gravité extrême : *mort, presque fatale, de l'enfant* à la naissance ; *mort de la mère* peu de temps après l'accouchement, même *sans trace hémorrhagique*, mais par *dépression graduelle.* Dans de nombreux cas, en effet, la mère meurt parce qu'étant grosse, elle a, *dans le même temps*, une variole d'intensité moyenne. Elle meurt, disons-nous, alors qu'en dehors de la puerpéralité elle ne fût pas morte de sa variole ; alors qu'en dehors de la variolisation elle n'eût pas succombé aux suites de ses couches.

Dans certains autres cas, la puerpéralité imprime son cachet à la variole, en transformant, dès le deuxième jour qui suit l'accouchement, la forme bénigne de cette maladie, en une forme hémorrhagique promptement mortelle (Raymond, Thèse de concours, 1880, argumentation). Nous en rapporterons plus loin des exemples.

IV. 29 ans, quatre grossesses antérieures normales, suivies d'accouchements naturels. Grossesse de 8 mois environ. Variole cohérente. Début par douleurs rénales ou lombaires, assez modérées d'ailleurs, mais continues, et gênant la marche. Elles n'étaient ni intermittentes, ni paroxystiques. La malade a fort bien remarqué elle-même que ce n'étaient pas les douleurs de l'enfantement qu'elle éprouvait. Ces douleurs ont duré trois jours; le même jour que les douleurs s'étaient montrés des vomissements; elle vomissait tout ce qu'elle prenait, mais ne vomissait pas si elle ne buvait rien. Pendant ses grossesses, même au début, elle n'a jamais eu de vomissements. Elle sent très bien remuer. Éruption parue le sixième jour de l'invasion. Accouchement le quinzième jour de la maladie de deux enfants vivants. Ils moururent tous les deux le lendemain soir de leur naissance sans trace de variole. Les suites de couches furent excellentes. La malade guérit.

V. — 26 ans. Grossesse de 7 mois et demi. Deux jours après éruption. Quelques pertes rouges, indolentes le cinquième jour. Douleurs abdominales persistantes. Pas de délire. Les liquides reviennent par le nez. Angine. Le septième jour la malade sent toujours remuer. A force de laudanum l'accouchement a été remis au douzième jour de la maladie. Variole cohérente. L'enfant est mort quelques minutes après sa naissance, sans trace de variole. La mère est morte dans une prostration graduellement croissante le quinzième jour de la maladie, le troisième après son accouchement. La variole n'a subi aucune transformation hémorrhagique.

VI. — 24 ans. Variole cohérente. T. 39 et 40. Le deuxième jour de l'invasion, rachialgie extrêmement intense « à ne pouvoir plus se tenir debout ». Le cinquième jour, début de l'éruption. Grossesse de 8 mois. Elle sent toujours remuer. Le jour de l'éruption, glaires sanguinolentes écoulées par la vulve. Le huitième jour, douleurs expulsives avec paroxysmes toutes les cinq minutes. Depuis trois jours rash granité. L'éruption est nulle à sa surface, mais les bords sont criblés de pustules, comme s'étant accumulées au pied d'une barrière infranchissable. Accouchement le neuvième jour. L'enfant est isolé immédiatement. Le dixième jour, faiblesse extrême, sans perte, sans la moindre ecchymose. Agitation nocturne et subdélirium. Le douzième jour, disparition du rash qui ne se marque plus que par l'absence de pustules. Pas la moindre hémorrhagie. État général grave. Langue humide : légère coloration violacée des pustules qui sont affaissées; pas de frisson. Le treizième jour, langue sèche, pouls petit et fréquent. Dépresssion de plus en plus accentuée. Mort. Autopsie : Le délire peut être expliqué par une pneumonie occupant gros comme un œuf du poumon droit. Sérosité claire dans le péricarde qui n'est pas « langue de chat », cause probable de la dyspnée. Foie : farci de plaques graisseuses disséminées. Utérus : dépassant de trois travers de doigt le pubis. Insertion placentaire marquée par une coloration sanglante et noirâtre. Donc, ici encore, mort quatre jours après les couches, sans transformation hémorrhagique. L'enfant est mort quelques jours après, sans trace de variole.

VII. — 30 ans. Variole cohérente. Grossesse de 7 mois à l'entrée. Le troisième jour, le col est dilatable, mais non dilaté. Le quatrième jour, jour même de l'apparition de l'éruption, douleurs abdominales et disparition, très nettement décrite par la malade, de la rachialgie. Le cinquième jour, pertes rouges légères ; le col a encore un centimètre de longueur ; il est très ramolli ; il se laisse pénétrer, mais l'on arrive à peine sur la tête. T. 39, 39,2. Période de suppuration. Le onzième jour, accouchement. Petite fille très délicate. La délivrance n'a pu se faire que le lendemain. Nuit très agitée ; fièvre, délire, dyspnée continuels. Mort le douzième jour de la maladie le lendemain de l'accouchement sans aucune trace d'hémorrhagie.

VIII. — Variole discrète. Malade ayant sevré son enfant six semaines auparavant. Elle ne voyait pas ses règles. Son ventre grossissant lui apprit seul sa grossesse qu'elle pense être de quatre mois. Pendant sa variole elle sent remuer. Elle guérit sans le moindre accident. Elle était restée longtemps dans le service à cause de croûtes nasales très rebelles. Pas d'avortement.

Nous devons les observations suivantes à M. Bastard ; nous arrivons aux mêmes conclusions que précédemment.

IX. — 23 ans. Deux fois vaccinée, la dernière fois en 1877. Varioloïde très légère en 1879. Grossesse de 7 mois, n'ayant été en rien modifiée par la maladie. La plus haute température a été 39° le cinquième jour.

X. — 18 ans. Grossesse de trois mois et demi. Variole discrète. Pas d'avortement. T. 38,8.

XI. — 22 ans. Grossesse de 6 mois et demi. Variole discrète. T. maxima 38°. Pas d'avortement.

XII. — 23 ans. Grossesse de 4 mois et demi. Variole cohérente. T. maxima 40° pendant deux jours. Pendant huit jours sur treize, la maladie se maintient entre 39° et 40°. Nombreux abcès pendant la convalescence. Pas d'avortement.

XIII. — 30 ans. Grossesse de 5 mois. Variole cohérente. T. 40,5, au moment de la suppuration. Durant quatre jours la température reste au-dessus de 39°. Elle guérit sans avorter.

XIV. — 36 ans. Grossesse de 6 mois. Variole cohérente. T. maxima 39,5. La température reste presque toujours voisine de 39°, mais inférieure. Pas d'avortement.

XV. — 28 ans. Variole cohérente survenant dans le cours d'une grossesse de 6 mois. T. maxima au moment de la suppuration 39,8. La malade guérit et n'avorte pas.

XVI. — 21 ans. Grossesse de 4 mois. Variole cohérente. T. maxima 39,8. Elle a été généralement inférieure à 39°. Pas d'avortement.

XVII. — 30 ans. Revaccinée en 1869. Variole cohérente grave. Pendant deux jours la température atteint 41°; pendant sept jours consécutifs elle reste au-dessus de 40°. Bien qu'elle soit enceinte de 5 mois, elle n'a pas fait d'avortement. Convalescence longue: abcès multiples.

Ces observations semblent montrer que la variole est d'autant moins grave, au point de vue abortif, que la grossesse est plus récente. L'hyperthermie, contrairement à la théorie allemande, semble ne jouer qu'un rôle accessoire.

XVIII. — Variole cohérente. 23 ans. Grossesse de 6 mois et demi. Le treizième jour, mouvements actifs de l'enfant. Le quatorzième jour, accouchement d'un enfant mort une heure après, sans trace de variole. Agitation extrême. Pas d'hémorrhagie. Mort à six heures du matin. Le quinzième jour, la température n'avait jamais dépassé 39,5.

XIX. — Variole cohérente. 23 ans. Grossesse de 7 mois. Eruption le quatrième jour. Accouchement le cinquième. Pertes médiocres, abondantes le premier jour; presque nulles les jours suivants. Guérison après une convalescence longue et difficile.

XX. — 31 ans. Variole cohérente. Grossesse de 6 semaines ou deux mois. Avortement le neuvième jour. Pertes abondantes pendant deux jours. Guérison. La variole était confluente à la face et aux mains.

XXI. — 26 ans. Variole confluente (?). Grossesse de 4 mois et demi. Eruption après quarante-huit heures de prodromes. Le huitième jour de la maladie, accouchement de deux fœtus. La malade ne perd pas beaucoup. Dessiccation à la face. Le douzième jour, agitation. Le treizième jour, collapsus. Le quatorzième jour de la maladie, mort, six jours après l'accouchement sans trace d'hémorrhagie.

XXII. — 33 ans. Variole confluente (?). Grossesse à terme. Accouchement dès le début de la maladie. Lochies normales. Eruption le surlendemain de l'accouchement. Çà et là quelques points ecchymotiques. Au milieu de la suppuration les pustules s'affaissent. Poitrine pleine de râles. Prostration. Mort le onzième jour. Pleurésie; endocardite.

XXIII. — 22 ans. Variole confluente (?). Grossesse de 2 mois. Eruption apparue à la fin du deuxième jour. Sueurs; rash; quelques pustules à centre ecchymotique. Avortement le quatrième jour. Variole devenant franchement hémorrhagique le sixième. Mort le dixième jour. Endo-péricardite; sérosité sanguinolente; apoplexie pulmonaire, ecchymoses péritonéales.

L'impulsion, imprimée à la maladie par l'accouchement, est ici bien nette. La forme signalée par notre maître et ami, M. le Dr Raymond, existe donc. On ne peut dire, cependant, que ce soit la règle, et que l'accouchement fasse devenir hémorrhagiques les formes qui ne le sont pas ou qui ne doivent pas le devenir. D'autre part, nous voyons que la variole puerpérale n'a pas besoin d'être hémorrhagique pour tuer la mère et l'enfant.

Nous ne rapportons pas de cas de variole *vraiment* confluente. En effet, pour nous, cette forme étant fatalement mortelle, elle nous semble défavorable à l'étude de l'influence réciproque de la variole et de la puerpéralité.

Nous avons tenu à donner un résumé de ces observations qui nous montrent, par la variété même des résultats, combien il est difficile de formuler des conclusions présentant quelque certitude.

Il n'est plus d'accoucheurs ni de médecins qui aujourd'hui puissent se montrer partisans de cette idée, encore si en faveur dans les classes populaires, à savoir que la grossesse confère aux femmes une sorte d'immunité contre les maladies contagieuses ou épidémiques et en particulier contre la variole. Nous ne songerons donc pas à faire servir les observations précédentes à la réfutation d'une opinion qui n'est plus considérée que comme un préjugé. Presque tous les auteurs semblent aujourd'hui admettre que les femmes enceintes ne sont pas plus prédisposées que les autres à contracter la variole, mais que lorsqu'elles viennent à en être atteintes, celle-ci affecte chez elle une allure très grave.

Il ne faudrait cependant pas voir seulement dans cette idée le reflet de l'aphorisme hippocratique :

« Mulierem utero gerentem, capi ab aliquo morbo *cuto* lethale est. » (Hip. op. De aph., lib. V.)

Mauriceau (1668) est presqu'aussi affirmatif, dans son « Traité des maladies des femmes grosses » (Liv. I, C. XXVI). Mais pour lui, ce n'est plus l'acuité de la maladie, mais l'*avortement*, qui joue le rôle fatal. Il n'en fait, au contraire, jouer aucun à la maladie même, qui précisément par sa gravité ou par sa malignité provoque l'avortement.

Serres, dans un travail intitulé « Considérations nouvelles sur la variole et son traitement » et inséré dans la *Gazette médicale* (1832), rapporte que sur 27 femmes enceintes atteintes de variole, 23 avortèrent et que, de ces dernières, 22 moururent.

Gariel (Thèse de Paris, 1837); Chaigneau (Thèse de Paris, 1847), qui fait toutefois quelques réserves, M. Hervieux (*Gaz. des Hôp.*, 1864, et plus tard, dans le chapitre qu'il consacre à la variole, Traité des maladiespuerpérales, 1870), constatent la gravité exceptionnelle de la variole chez la femme enceinte.

En parcourant les faits que nous avons mentionnés plus haut, on verra que la statistique que nous pouvons dresser, est moins sévère que celles de Serres. En effet, sur *23 femmes enceintes* atteintes de variole, *11* avortèrent, dont la mortalité s'élève *à 8*. Ces chiffres nous montrent éloquemment que si la grossesse ne constitue pas une prédisposition, elle est loin d'être un préservatif; que la femme grosse contracte les maladies régnantes tout comme une autre personne (Stoltz, Dict. Jac. art. grossesse. Bouchut, *Gaz. des Hôp.*, 1849. Ricau, Thèse de Paris, 1874), et que la variole en particulier est, en cas de grossesse, une maladie très grave.

D'où lui vient ce caractère de gravité? Dirons-nous que la variole, évoluant sur un terrain modifié, ou même fatigué par la puerpéralité, prend ou gagne une intensité proportionnelle? M. Stolz (loc. cit.) pense que la grossesse, qui modifie momentanément, mais d'une manière sensible l'organisme et surtout la composition du sang, aggrave l'état général, mais non la variole. Cette maladie, chez la femme enceinte, *n'est pas plus souvent confluente ou hémorrhagique que chez la femme qui n'est pas en état puerpéral.*

M. Hervieux (loc. cit., p. 1087) se prononce de la manière suivante : « La période d'éruption et celle de suppuration ne présentent généralement rien de remarquable, quant aux phénomènes locaux de l'exanthème. Mais les phénomènes généraux revêtent fréquemment le caractère typhoïde. J'ai noté souvent une fièvre intense pendant les périodes d'éruption et de suppuration, même dans les cas où la variole avait été modifiée par la vaccine ; de plus, je constatais la sécheresse de la langue, la céphalalgie, les vomissements, la diarrhée, l'abattement, l'insomnie, l'agitation, le délire, alors même qu'il n'existait ni dans le ventre ni dans les autres cavités splanchniques aucune lésion qui pût expliquer tous ces désordres fonctionnels.

Nous avons déjà signalé l'opinion de Mauriceau (1668) que nous pourrions qualifier de *mixte*, par rapport aux deux précédentes. Nous en avons marqué le point faible et nous avons déjà exposé les raisons qui nous font partager l'avis de M. Stolz.

En effet, chez une femme grosse, les varioles bénignes (varioloïde ou variole discrète) peuvent évoluer sans plus d'accidents que chez n'importe quelle autre femme. Si nous avons vu quelques avortements exceptionnellement produits par ces formes bénignes, nous ne les avons jamais vus suivis de mort.

Si la variole est cohérente, si elle est confluente, les dangers augmenteront proportionnellement, et, on pourrait, chez elles, établir un tracé de léthalité, dont les courbes seraient absolument parallèles à celles qui seraient faites pour des varioles évoluant en dehors de l'état puerpéral.

Voilà tout au moins ce qui se produit si la femme n'avorte pas. Mais, dans les dernières formes, la femme avorte le plus souvent. Si la maladie est assez maligne pour produire l'avortement et surtout pour l'amener rapidement, le pronostic doit s'assombrir, la variole sera grave, mais non pas tant par le fait de l'avortement, qu'en raison même de la cause morbide qui l'a provoquée. Et en effet, ainsi que l'a fort bien remarqué Chaigneau (loc. cit.), le pronostic doit être moins sévère lorsque l'avortement se produit vers le déclin de la maladie, et que, par conséquent. *la femme n'est plus soumise simultanément à deux causes dépressives.*

L'avortement, comme le voulait Mauriceau, n'est donc pas la cause exclusive de la gravité de la variole puerpérale ; mais il peut en être un excellent thermomètre. D'autre part, la preuve qu'il est loin d'être un phénomène indifférent, c'est que la *gravité de la variole puerpérale semble diminuer à mesure que la grossesse est plus récente.*

Il est donc intéressant de connaître *la fréquence de l'avortement et de savoir à quel moment il se produit le plus souvent.* Nous venons d'étudier ses conséquences, faudra-t-il tenter de rechercher ses causes ?

L'avortement est extrêmement fréquent de par la variole. Nous avons déjà donné les chiffres rapportés

par Serres (1832) qui, sur 27 femmes enceintes varioleuses, a vu 23 femmes avorter. Dans les 23 cas,
que nous avons rapportés, la variole a donné lieu
onze fois à l'avortement ; elle doit donc être rangée
immédiatement après la pneumonie et le choléra, pour
la puissance abortive.

Il ne faut pas confondre la puissance abortive avec
le nombre des avortements causés. En effet, M. le
professeur Fournier a montré par une statistique récente, que c'était, de toutes les maladies, la *syphilis
qui causait le plus d'avortements.* Cela tient bien plus
à la fréquence extrême de cette maladie qu'à sa puissance abortive proprement dite. (Voir, syphilis et ma-
riage : sur 85 cas, 58 avortements ou naissances d'enfants mort-nés ou mourant à courte échéance.)

L'avortement. dans le cours de la variole, se produit à des moments différents, tantôt à la période
d'invasion (1) et surtout d'éruption (4), tantôt dans
le cours ou à la fin de la suppuration (6). Dans un
cas, l'enfant a pu mourir dans les premiers temps de
la maladie, mais n'a été expulsé, en bloc, que le
26° jour ; il s'agissait d'une grossesse de 4 mois. Dans
d'autres cas, l'enfant est expulsé presqu'aussitôt qu'il
est tué. Mais le plus souvent il vit et meurt quelques jours ou plutôt quelques heures après sa naissance. Pour la mère, la mort est survenue deux fois
le lendemain de l'accouchement, *une* fois le 2° jour,
une fois le 3°, *une* fois le 4°, *une* fois le 5°, *une* fois le 6°.
La mort enfin est arrivée aussi dans un cas où la
grossesse était à terme, où les couches furent normales, et le dixième jour après l'accouchement. Tout
ce qui résulte de ces faits, ce n'est pas la conclusion de
Chaigneau, mais seulement que si la mort ne suit pas
de très près l'accouchement, la femme pourra être

sauvée ; car si l'accouchement ne cause pas, il *hâte* l'issue fatale, d'autant plus que la puerpéralité est plus prononcée.

Quelles sont les *causes de l'avortement* dans le cas de variole ? Chez une femme enceinte, on ne saurait attribuer cet accident à ce que, comme pour la syphilis par exemple, des lésions anatomiques, du fait de la variole, viennent se produire sur le placenta et sur les membranes et amener ainsi la déhiscence de l'œuf. Une semblable interprétation manquerait de la principale raison d'être, l'observation. Nous ne connaissons tout au moins aucun cas où la consécration anatomique ait eu lieu. Loin de là, quand, dès le début de la variole, la femme avorte, le placenta et les membranes sont indemnes, à l'œil nu. Si le délivre paraît lésé dans les cas où l'avortement n'amène l'expulsion que d'un fœtus mort et macéré, les lésions sont évidemment secondaires et nullement d'origine varioleuse. C'est dire que nous ne saurions admettre à aucun titre l'opinion de Serres, admise également par M. Hervieux, que la métrorrhagie qui signale le début de la variole est souvent une cause d'avortement, mais bien un signe d'avortement.

Nous ne pouvons, en effet, comprendre comment il serait possible d'assimiler les métrorrhagies, qui se produisent dans les cas qui nous occupent, à celles qui surviennent en dehors de l'état de gravidité et qui, nous l'avons vu, peuvent, *jusqu'à un certain point*, être assimilées à des menstrues. Nous ne voulons point ici soulever la question de savoir si, oui ou non, les règles peuvent se continuer pendant la grossesse, nous bornant à remarquer que si l'on se range à cet avis on en arrive finalement à enregistrer sans critique les faits analogues à celui que signalait, il y a près de

200 ans, Deventer : une femme qui, avant toute gestation, n'avait jamais été réglée le devint très régulièrement pendant quatre grossesses successives !

Certes, nous n'ignorons pas que, *jusqu'au quatrième mois* environ, la caduque ovulaire est encore indépendante de la caduque réfléchie, mais nous savons aussi, pour les avoir plusieurs fois constatées, quelles modifications importantes a subies la muqueuse utérine (grosses cellules de la caduque, plis, glandes, etc.). Il nous paraît certain que, si une métrorrhagie survient dans ces conditions :

Ou bien le sang sort des vaisseaux de la caduque utérine, et alors, il sera possible de ne pas voir l'avortement se produire ; mais le symptôme métrorrhagie ne peut plus être considéré comme une cause d'avortement et, celui-ci se produisant en pareil cas, est dû à ces mêmes modifications anatomiques qui ont amené la rupture des vaisseaux, mais qui, ne se limitant pas à la caduque utérine et s'étendant encore sur la caduque ovulaire, ont occasionné des troubles de nutrition du fœtus et enfin sa mort.

Ou bien le sang vient des vaisseaux de la caduque ovulaire et alors l'avortement n'est plus à craindre, il commence.

Après le quatrième mois, quel que soit le cas, lorsque, dans le cours d'une variole, on voit survenir une hémorrhagie venant du corps de la matrice, nous croyons que l'on ne saurait se montrer trop absolu ; cette hémorrhagie est l'indice de l'existence d'une rupture vasculaire dans le placenta ou dans les membranes, et l'on doit redouter ou même annoncer l'expulsion prématurée. Nous n'avons vu en effet aucun cas de métrorrhagie qui n'ait été suivi, suivant

l'âge de la grossesse, soit d'avortement, soit d'accouchement précoce.

Nous avons vu que l'avortement pouvait se produire avant, mais surtout après la période d'éruption. Nous ne croyons pas, avec Gariel (1837) que
« l'intensité des douleurs lombaires donne lieu à un
avortement certain ».

La rachialgie, nous l'avons vu, est un phénomène
essentiellement variable dans son intensité comme
dans son apparition, elle n'est pas proportionnelle à
la gravité de la variole ; dans les cas suivis d'avortement, nous ne l'avons pas constatée constamment
plus vive que dans ceux où la grossesse a continué
son cours, et nous avons vu au contraire la distinction très nette, perçue et établie spontanément par
les femmes qui n'en étaient pas à leurs premières
couches. Tout ce que l'on peut dire, c'est que généralement la rachialgie est intense dans les varioles
graves et que, le plus souvent, celles-ci provoquent
l'accouchement. La rachialgie n'est donc plus une
cause, mais une simple coïncidence.

Mais ne pourrait-on pas penser que les phénomènes médullaires, sur lesquels nous avons déjà insisté
dans le cours de ce travail, et dont la rachialgie est
une des expressions, sont aussi la cause des contractions intempestives de la matrice ? Et cette action sur
l'utérus ne semble-t-elle pas manifeste quand on se
souvient combien les congestions utérines et les métrorrhagies sont fréquentes au début de la variole et
que ces écoulements de sang se montrent à la période
d'invasion et les avortements, plus tard, à la période
de suppuration ?

Cette théorie est fort séduisante. Les douleurs lombaires, que l'on observe pendant la période de dila-

tation du jcol dans tout accouchement, seraient les premiers effets d'une altération médullaire aboutissant à l'accouchement. Nous n'oserions nous aventurer sur ce terrain où nous n'avons aucune compétence et où nous nous verrions exposé à discuter des résultats tels que ceux formulés par Mme Boivin, qui n'a décrit et analysé les douleurs de l'enfantement que d'après son expérience personnelle.

D'autre part, l'on ne saurait admettre l'origine médullaire de cette complication de la variole (avortement). En effet, il est aujourd'hui certain que l'utérus gravide, sollicité par des excitations directes, alors qu'il est complètement isolé de la moelle, se contracte d'une façon rhythmique. Notre excellent collègue et ami, M. Bar, nous a fait plusieurs fois constater l'année dernière, dans le laboratoire de M. Cornil, à l'hôpital Saint-Antoine, ce phénomène expérimental qui s'explique suffisamment, d'ailleurs, si l'on veut tenir compte du développement du système nerveux dans l'utérus (nerfs et ganglions), pendant la grossesse, fait anatomique sur lequel les recherches de M. Frankenhauser, de Zurich, bien que contestables sur certains rapports, ont jeté une grande lumière.

Mais ce qui surtout s'oppose à admettre l'origine médullaire des contractions utérines amenant l'expulsion de l'œuf et du fœtus au début de la variole, c'est que le centre moteur de l'utérus ne paraît pas siéger, ne siège pas, devrions-nous mieux dire, dans la moelle. Sur ce point, les recherches de MM. Verniek et Schlesinger nous paraissent à l'abri de toute contestation. Nous n'avons pas à rapporter ici dans leurs détails les expériences de ces habiles physiologistes renvoyant pour cela à leurs mémoires (Wernick, Virch. archiv, T. LVI. p. 505. 1872. — Schlesinger, Wien, méd. Jahrb, Bl. I, Haft. 4, p. 17); nous mentionnerons seulement leurs conclusions. En produisant des contractions utérines par l'excitation faradique des nerfs périphériques, M. Schlesinger a pu voir que le centre des réflexes avait certainement son siège dans les masses nerveuses intracraniennes. De son côté, M. Wernick, en donnant de l'ergotine à des lapines, a vu qu'il fallait que l'utérus fût en relation avec les centres crâniens où les parties supérieures de la moelle. Or, tout nous porte à croire que le virus variolique ne porte pas son action si haut.

Comment donc agit la variole pour amener l'avortement? Nous croyons que c'est en modifiant les conditions nutritives du fœtus, en amenant sa maladie et quelquefois sa mort. Or, nous n'avons pas à rappeler ici les faits si nombreux qui démontrent que la mort du fœtus est une cause fatale d'avortement. Nous n'avons donc qu'à nous poser la question suivante: dans quelles proportions la variole modifie-t-elle les conditions de nutrition du fœtus. N'atteint-elle ce dernier qu'à titre de maladie fébrile aiguë? ou bien faut-il voir, dans la mort ou dans l'état maladif du fœtus, l'effet spécial de son intoxication par le virus variolique? Disons incidemment que la composition du sang plus ou moins viciée (poisons hématiques, intoxications diverses, acide carbonique, oxyde de carbone, etc.), par son action spécialement stimulante sur la fibre musculaire elle-même, peut aussi déterminer les contractions utérines et favoriser l'avortement. Cette condition n'en est d'ailleurs qu'une cause accessoire; les principales étant l'hyperthermie et

l'intoxication variolique ainsi que nous allons le démontrer par l'examen des deux propositions précédentes.

A. — Le fœtus peut-il pendant la vie intra-utérine
être influencé, infecté par la variole ? Nous n'en pouvons rapporter aucun exemple personnel. Dans les
cas que nous avons observés, le plus souvent les enfants sont nés vivants, mais ont succombé soit dès
les premières heures, soit dans les 48 heures, sans
que nous ayons jamais pu voir d'éruption sur eux.
Et lorsque l'accouchement prématuré a amené l'expulsion d'un enfant mort, jamais nous n'avons pu
saisir la moindre trace de pustules varioliques, à aucun degré de développement que ce fût.

Bien loin de nous l'idée de nier la variole fœtale,
établie par des faits dont l'authenticité ne saurait être
mise en doute. Nous voulons seulement faire remarquer que, sur les 11 cas que nous avons observés, il
ne s'en est présenté aucun. La variole fœtale doit donc
être considérée comme tout à fait exceptionnelle.
Or, l'on se souvient du conseil de Pascal, de se montrer sévère à l'exception.

Ayant un nombre trop restreint de faits pour nous
permettre de prendre position dans ce débat, nous
nous contenterons d'énumérer les principaux cas
connus de variole fœtale :

M. le professeur Charcot a communiqué en 1851, à
la Société de biologie, un fait où il avait vu un fœtus
naître avec une éruption variolique ;

M. Bailly a rapporté un fait analogue, M. Depaul
(Soc. de biol., 1853), cite un fœtus présentant à sa
naissance des pustules varioliques.

Le 4 mai de cette année, M. Depaul a présenté à
l'Académie de médecine un fœtus de cinq mois environ

qui présentait, lors de son expulsion, des pustules *va-riolíques*. M. Fournier qui examina le petit malade ne reconnut pas les caractères habituels de l'éruption variolique. D'autre part, l'examen microscopique a montré à M. Cornil que le derme seul était lésé, congestionné, et renfermait des glandes hypertrophiées. Certes, ce ne sont pas là des caractères histologiques de l'éruption variolique de l'adulte. Pendant la vie intra-utérine, celle-ci subirait-elle donc des modifications en rapport avec les circonstances dans lesquelles elle s'est développée ? Nous laissons aux observateurs le soin de conclure. Toujours est-il que la mère avait eu la variole vers le 3ᵉ mois de sa grossesse; elle en avait guéri et au moment de sa sortie de l'hôpital, on avait pu reconnaître très nettement que l'enfant vivait. Quelques jours après sa sortie, la mère éprouva un malaise très vif et de la fièvre, dont on ne put préciser la cause. Elle avortait trois semaines environ après, d'un fœtus macéré dont la peau était couverte de papules. Il y a tout lieu de penser que l'état de malaises éprouvés par la femme correspondait au moment où le fœtus mourait.

MM. Devilliers et Blot ont fait remarquer dans la même séance qu'ils avaient eu l'occasion d'observer des cas, moins douteux, de variole fœtale.

M. Teissier, à la maternité de Lyon, a vu l'enfant d'une femme morte de variole, quelques jours après ses couches, avoir à la peau des stigmates indubitables d'une éruption variolique (Soc. méd. des hôp., 1870, p. 115).

Nous devons encore mentionner les remarquables articles de Davidson (Lancet, 1838), de Chaigneau (1817), de Jacquemier (Gaz. hebdom., 1853), de Legros (Gaz. méd., 1865), et parmi les anciens auteurs, un mémoire de Ed. Jenner sur deux cas d'infection variolique communiqué à des fœtus encore dans la matrice (Méd. Chir. transact. T I, p. 271, 1815), et enfin une thèse de Joseph Jarmyn, soutenue à Lyon, en 1792, sur la variole donnée au fœtus pendant la grossesse.

Nous terminerons ici ces citations ; elles sont assez nombreuses pour lever tous les doutes sur la transmissibilité de la variole au fœtus.

En outre, il est un certain nombre de faits intéressants qui ne laissent pas de venir à l'appui de ce qui précède. Si pendant sa grossesse une femme est vaccinée, son enfant reste réfractaire à la vaccine pendant un temps plus ou moins long.

On connaît les expériences de M. Burkhard, qui ont été résumées dans la revue d'hygiène et de police sanitaire (15 janvier 1880) et par lesquelles est pleinement vérifiée, l'exactitude des expériences de MM. Rickett et Roloff. En 1877 et en 1878, cet auteur a revacciné, dans le service d'accouchements de M. Bischof, à Bâle, 28 femmes enceintes. Il ne put expérimenter que sur 8 enfants de ces femmes :

Les enfants de 4 femmes qui avaient eu des revaccinations positives furent réfractaires à la vaccine au moment de la naissance ; chez l'un d'eux, cette immunité persistait encore au bout de six mois.

De deux femmes qui avaient été revaccinées avec un succès incertain ; l'un des enfants fut réfractaire au vaccin qui donna au contraire chez l'auteur un résultat positif.

Deux autres femmes avaient été revaccinées avec un succès ; l'un des enfants se montra réfractaire au vaccin, l'autre non.

Si pendant sa grossesse, une femme est atteinte

par la variole, son enfant peut-il être réfractaire à la vaccination ?

M. Desnos (Soc. méd. des hôp., 1871) rapporte l'histoire d'une malade qui, pendant sa grossesse, eut une variole grave. Pendant la période de dessiccation, elle accoucha à terme d'un enfant bien portant qui ne présentait aucune trace d'éruption variolique. La mère et l'enfant restèrent pendant un mois dans la salle des varioleux. Trois fois, on essaya de vacciner l'enfant ; ce fut toujours sans succès. On ne pourrait, en ce cas, incriminer la nature du liquide vaccinal employé, car la vaccination réussit chez tous les autres enfants. Ainsi, voilà un enfant qui est resté durant un mois dans une salle de varioleux, et qui s'est montré réfractaire aussi bien à la vaccine qu'à la variole ; il a donc été préservé pendant la vie intra-utérine ? Ou bien l'intoxication du sang fourni au fœtus par la mère a été suffisante pour préserver l'enfant des atteintes de la variole pendant un temps qu'il n'est pas possible de déterminer. Ou bien l'enfant a pris dans le sein de la mère malade une variole légère qui n'aurait pas laissé de traces. Telles sont les deux alternatives qui se posent. M. Desnos fait remarquer que la dernière hypothèse ne s'appuie sur aucune des circonstances de l'observation. Quant à la résistance de l'enfant, à l'action du contage des virus varioleux et vaccinal, elle ne paraît pas pouvoir être mise en doute.

Peut-être sommes-nous là en présence d'un des procédés par lesquels l'organisme conquiert l'immunité. Peut-être par analogie, peut-on penser que la syphilis n'est si bénigne chez certains individus que parce qu'ils jouissent ainsi héréditairement d'une immunité relative ? Et encore le fait n'est pas toujours confirmé par l'observation. M. Fournier a vu des enfants de syphilitiques contracter la syphilis à leur tour et avoir une syphilis maligne. La syphilis, sera dans d'autres cas, particulièrement maligne chez tous les individus d'une même famille. Toutes ces allures de bénignité ou de malignité qu'affecte la syphilis tiennent bien plus à des conditions individuelles encore mal déterminées qu'à tout autre raison.

Enfin si la transmissibilité intra-utérine d'une maladie contagieuse est mise hors de doute par les faits les plus démonstratifs, elle est loin de se réaliser dans tous les cas : peut-être même, au lieu d'être la règle, n'est-elle que l'exception ?

Dans la trichinose (voir page 60) il y a des observations incontestables dans lesquelles des mères contaminées ont donné naissance à ces enfants sains. (Annales de dermatologie, T. X, n° 4.) De même pour le charbon (Davaine) chez les animaux. (Voir p. 270).

Pour la syphilis, le fait n'est pas douteux. Pourquoi n'en serait-il pas de même pour la variole ? Certains organismes n'ont-ils pas pour tel virus une réceptivité tellement marquée que l'on voit ces individus mourir de la variole, après avoir été plusieurs fois vaccinés avec succès, et même après avoir eu non pas des varicelles, mais parfois jusqu'à deux attaques varioleuses bien démontrées ? Pour la variole même, des faits nombreux attestent l'inconstance de la transmissibilité et de l'immunité acquise pendant la vie intra-utérine. En 1870, Gubler en rapportait encore un exemple (p. 161) remarquable à la Société médicale des hôpitaux. La mère accoucha pendant le cours d'une variole discrète. Huit jours après sa naissance, l'enfant fut pris à son tour de variole. Que l'enfant ait pris la variole par une sorte d'imprégnation intra-utérine, ou bien qu'il l'ait contractée, au passage, par une inoculation directe qui se serait faite malgré l'enduit sébacé, il n'a pas été préservé par la maladie maternelle. Dans ce débat, il ne peut pas être question de la durée plus ou moins prolongée de l'imprégnation virulente. Quoi qu'il en soit, il n'en reste pas moins avéré qu'il existe des cas *bien observés*, dans lesquels, pendant la vie intra-utérine, les produits de la conception ont été infectés par la variole.

Mais, si nous voulons pénétrer plus avant dans cette étude, nous ne trouvons plus qu'obscurité. Aucun fait, actuellement connu, ne peut autoriser à dire en quoi consiste l'agent virulent de la variole. On connait les idées que M. Pasteur a émises, dernièrement encore à l'Académie, à propos du choléra des poules et des inoculations de liquides cultivés en proportions décroissantes, à l'aide desquelles ce savant serait arrivé à rendre ces animaux réfractaires à la maladie. On sait aussi que M. Pasteur croit que l'agent virulent de la variole consiste en des éléments figurés et vivants. La question n'en resterait pas moins loin d'être élucidée par la présence même habituelle de ces éléments dans les organismes variolisés. Nous avons déjà dit que c'était un fait commun à toutes les infections et qu'il n'était même pas constant pour la variole (Letzerich, Weigert, Luginbühl, micrococcus) — Béchamps (Acad. des sciences), Coze et Feltz (bactérie). Mais le fût-il, qu'il faudrait encore démontrer que c'est bien là le germe morbifique luimême, et non pas seulement soit son véhicule, soit seulement un indice de l'infection de l'organisme. Nous nous bornerons à faire remarquer que si de semblables éléments (coccus ou bactéries) étaient indispensables, même à la transmissibilité de la variole, il *faudrait renoncer à admettre l'infection du fœtus par la variole pendant la vie intra-utérine.*

En effet, quelle que soit l'opinion que l'on accepte sur la structure du placenta, que l'on admette, ce qui est vrai pour nous, sauf quelques restrictions, la théorie de M. Ercolani sur l'organe glandulaire placentaire, ou que l'on considère cet organe comme un simple filtre, il nous paraît surabondamment prouvé qu'aucun élément figuré ne traverse et ne peut traverser le placenta. (1872 et Archiv. de Tocol. 1877.)

Les globules sanguins du fœtus lui appartiennent bien en propre et jamais ne peuvent provenir de la mère. Le fœtus, en se développant, n'emprunte à l'organisme maternel que des matériaux liquides. Les belles recherches de Claude Bernard sur la fonction glycogénique du fœtus, celles de M. Fehling, de M. Jassinsky, qui en injectant, le premier de l'encre de chine, le second du carmin, dans le torrent circulatoire de la mère, ne les ont jamais trouvés dans l'appareil circulatoire du fœtus et ont ainsi réfuté les conclusions que M. Reitz avait cru pouvoir tirer d'une expérience vicieuse et incomplète. Les recherches de M. Brauell qui a montré que jamais les poisons solides ne dépassaient le filtre placentaire ; enfin, les remarquables expériences qui sont consignées dans la thèse inaugurale de M. Porack, sur l'absorption des médicaments par le placenta, *lorsqu'ils sont solubles,* tout nous montre que, si petits qu'ils puissent jamais être, des éléments figurés ne peuvent passer de la mère à l'enfant.

Nous pourrions multiplier à l'infini les preuves à l'appui de cette assertion. (Chauveau, Recherches sur la partie active du virus vaccin, 1868 — Liebig, Robin, etc.). Nous nous contenterons de rappeler en terminant les expériences de M. Davaine qui a prouvé que l'inoculation du charbon à la mère ne pouvait jamais en rien atteindre le fœtus; c'est dire que nous n'admettons pas les cas de prétendue trichinose intra utérine, rapportés par quelques auteurs. De tout ce qui précède, que conclure? Nous pensons que toutes ces connaissances physiologiques seraient de la plus haute importance pour l'étude de la variole, à l'occasion de laquelle nous pouvons poser ce dilemme:

Ou bien la variole du fœtus pendant la vie intra-utérine existe, et alors l'agent virulent de la variole ne consiste pas en des éléments figurés.

Ou bien, si ceux-ci venaient à être démontrés, il faudrait rejeter tous les cas rapportés de variole fœtale et les considérer comme des erreurs de diagnostic.

Or, la clinique semble prouver la variole intra-utérine. C'est là un puissant argument que nous avons tenu à ne pas isoler de l'étude de la variole puerpérale et fœtale, et qui vient à l'appui de tout ce que nous avons déjà dit qua d nous avons traité de l'anatomie pathologique du sang dans la variole.

Nous devons, avant de terminer ce qui a rapport à la *variole intra-utérine*, faire une réserve pour le cas récent de M. Depaul. Les pièces ont été soumises par M. Cornil à l'examen histologique. Il en résulte que c'est dans le derme et non dans l'épiderme, comme il arrive ordinairement dans la variole, que siégeaient les lésions; celles-ci constituaient des espèces de *papules* ne rappelant aucun degré du développement de la pustule variolique. Mais nous laisserons à MM. Cornil et Depaul le soin de conclure.

B. — Quoi qu'il en soit, il est tout au moins une cause d'avortement qui est incontestable et qui paraît surtout agir en tuant le fœtus ou en troublant tout au moins profondément sa nutrition, c'est l'hyperthermie, car si la pneumonie agit comme maladie grave, l'érysipèle et même l'urticaire, ne peuvent pour la même raison agir sur l'utérus.

Il y a déjà longtemps qu'on a remarqué que la fréquence du pouls maternel n'était pas sans influence sur la rapidité du pouls fœtal.

Cependant, il faut arriver à une époque tout à fait récente, en 1846, pour voir M. Kaminski réunir un grand nombre de faits qui démontrent surabondamment que la haute température de l'organisme maternel réagit sur la santé de l'enfant. Les faits des plus démonstratifs furent tirés d'observations prises sur des femmes qui furent atteintes plusieurs fois pendant la grossesse d'accès de fièvre intermittente, et l'on a pu formuler la conclusion suivante, que, lorsque la température de la mère dépassait 40°, il y avait beaucoup à craindre pour la santé de l'enfant.

M. Runge expérimenta sur des lapines pleines et put voir les fœtus périr chaque fois que la température atteignait 41°,5.

On ne saurait tirer de ces recherches la moindre conclusion pour ce qui se passe chez la femme, mais M. Zweifel a rapporté un cas bien intéressant d'une femme ayant dû subir une température de 43°,95. Cet auteur fit l'opération césarienne; l'enfant était mort et sa température prise à l'aide d'un thermomètre introduit dans l'anus était de 42°.

On comprendra, enfin, toute la gravité pour l'enfant de l'hyperthermie maternelle si l'on se souvient que, d'après les recherches de Schœfer, d'Andral, de

M. Fehling, la température du fœtus est toujours supérieure de 0,3 à 1° à celle de la mère.

En résumé, si l'aphorisme hippocratique (t. IV, p. 543) n'est pas absolument vrai, si toute maladie aiguë n'est pas mortelle pour une femme grosse, si la variole puerpérale n'est pas, comme on l'a dit « la mort sans phrase », elle n'en constitue pas moins pour la mère et pour l'enfant un des dangers les plus formidables.

Toutefois, c'est pas à dire, que la variole revête, chez la femme enceinte, le caractère confluent ou hémorrhagique plus fréquemment que chez tout autre femme. La transformation hémorrhagique ultérieure se montre bien dans certains cas; mais le plus souvent la femme succombe épuisée par la réunion de ces causes dépressives agissant simultanément et amenant un collapsus graduel, une sidération nerveuse promptement mortels. Quant à l'enfant, ce n'est pas comme dans la syphilis à des lésions placentaires, à des troubles de nutrition qu'il succombe. L'hyperthermie, la souffrance et la mort du fœtus, enfin l'état du sang intoxiqué, telles sont les causes de l'avortement.

La mort du fœtus ne peut, en effet, être seul invoquée, puisque plus d'une fois l'enfant, né avant terme, est venu vivant. En présence de ces éventualités que faire? Une intervention, qui pèche peut-être par un excès de hardiesse, doit cependant ne pas être passée sous silence, surtout si l'on fait la réserve expresse de n'y avoir recours que lorsqu'on perdra l'espoir de sauver la mère, c'est l'opération césarienne, conseillée par M. Runge; elle ne doit être pratiquée que si la mère est manifestement perdue et lorsque, mais aussitôt que la température a dépassé 41°. Cette manière de faire sera plus facilement acceptée aujourd'hui que la méthode antiseptique a placé la gastrotomie dans le domaine de la chirurgie journalière. Dans les cas où l'opération serait décidée, c'est évidemment dans l'état actuel des choses, au procédé de Porro qu'il faudrait donner le choix.

2° *De la variole pendant les suites de couches.*

I. — 19 ans, non revaccinée. Accouchement à terme, normal et sans perte. Enfant bien portant. Huit jours après, prodromes de variole. La durée de l'invasion fut de trois jours et demi. Eruption discrète. Evolution normale, sans rash, sans purpura des membres inférieurs, sans suffusion sanguine. Guérison.

II. — 27 ans. Non revaccinée. Accouchement heureusement effectué à terme. Elle allaitait son enfant quand elle fut atteinte de la petite vérole dix-sept jours après ses couches. Eruption discrète. Il n'y a absolument rien à noter pendant l'évolution de la maladie qui se termina par la guérison.

III. — 28 ans. Variole discrète apparue le dix-neuvième jour après un avortement de 5 mois. Rien de spécial à noter, sinon une métrorrhagie apparue le quatrième jour de la maladie et une endocardite née le sixième jour. La métrorrhagie a été extrêmement abondante et a duré dix-sept jours. La variole doit-elle être seule invoquée ? Guérison avec persistance des souffles cardiaques.

IV. — 25 ans. Variole discrète. Nourrit son enfant depuis dix mois. Les règles qui n'avaient pas reparu depuis sa grossesse apparaissent le jour même de son entrée à l'hôpital. La *sécrétion lactée n'a été influencée en rien*, excepté passagèrement diminuée les deux premiers jours. Guérison.

V. — 21 ans. Variole cohérente. Nourrice depuis neuf mois. Les règles étaient revenues depuis quinze jours ; elles sont en avance de quinze jours. Symptômes ordinaires. Rien de particulier à noter du côté des mamelles. Guérison.

VI. — 30 ans. Variole cohérente. Accouchement il y a cinq jours d'une petite fille bien portante. Suites de couches très heureuses. Les lochies coulent bien. Guérison.

VII. — 26 ans. Variole cohérente apparue un mois après un accouchement à terme. Guérison.

VIII. — Trois semaines après l'accouchement. Variole confluente.

IX. — Nourrice de neuf mois. Variole confluente. Mort.

X. — Nourrice de trois semaines. Variole confluente. Mort.

Nous rappelerons un cas de variole de moyenne intensité survenue le lendemain de l'accouchement et terminée par la mort.

Ces exemples suffisent à montrer que c'est bien la simultanéité de la variole, soit envahissante, soit l'éruptive, et de l'accouchement ou de l'avortement, qui fait la gravité de ces circonstances. Cette gravité diminue au fur et à mesure que l'on s'éloigne du jour de l'accouchement; et très rapidement, la femme qui est dans la période des suites de couches, se retrouve en face de la variole, dans des conditions identiques à celles de toute autre femme. Si la lactation a été continuée pendant la maladie, nous n'avons remarqué aucun retentissement spécial de la variole sur cette fonction. La fièvre et l'hyperthermie n'ont pas tari la sécrétion dans les cas que nous avons observés.

Tout ce que nous avons dit dans le dernier chapitre nous dispense d'entrer dans de plus longs détails. Nous pouvons même ajouter que si, en dehors de l'accouchement et de l'avortement, le pronostic devient si grave, ce n'est pas à cause de l'avortement ; et on pourrait presque dire que si *l'avortement s'est produit, c'est à cause de la gravité de la variole.* Mais c'est surtout pendant les suites de couches qu'il devient manifeste, que c'est sur la malignité de la variole seule que repose le pronostic. Nous avons déjà discuté la transformation hémorrhagique, signalée par M. Raymond.

Nous ne ferons qu'indiquer en terminant l'opinion de quelques auteurs, et en particulier, de Baxton Hicks et de James Clapperton, qui pensent que la variole survenant pendant les suites de couches pourrait, en évoluant sur ce terrain particulier, subir de telles modifications qu'elle deviendrait méconnaissable et simulerait la fièvre puerpérale. Les médecins qui seraient tentés d'accepter une telle opinion pourraient trouver des arguments dans les expériences entreprises par MM. Coze et Feltz. Mais on sait que M. Chauveau n'admet pas ces conclusions et que pour l'éminent physiologiste de Lyon, les maladies consécutives à l'inoculation du sang varioleux aux lapins n'ont jamais rien eu de commun avec la variole.

III. — *Pendant la ménopause.*

Nous aurons très peu de chose à dire sur la variole survenant à cette période. Les organes génitaux sont indifférents au virus variolique comme ils le sont devenus aux autres excitants. Nous avons vu plusieurs cas de variole chez des femmes âgées ; les cas de variole avaient une intensité variable ; dans les cas légers comme dans les cas graves, nous n'avons

jamais observé ni congestion utérine, ni fluxion ovarienne, ni coulement rouge ou simplement leucorrhéique. Il serait curieux de savoir si la variole survenant chez une femme atteinte de cancer utérin,
serait particulièrement sujette aux métrorrhagies.
Nous n'avons pas été à même d'assister à un fait
de ce genre.

Nous avons pu voir que la variole retrouvait chez
les personnes âgées la gravité qu'on lui remarque
dans le jeune âge. Pour les jeunes enfants, une variole discrète est une maladie grave, parfois mortelle.
Nous avons également vu une femme de 58 ans succomber épuisée à la période de dessiccation d'une
variole à peine cohérente. Les cas de variole deviennent d'ailleurs d'autant plus rares que la vieillesse est
plus avancée. La variole est presque inconnue dans
les asiles des vieillards. Cependant, comme le fait remarquer M. Charcot (mal. des vieillards, p. 13), la
vieillesse ne crée pas d'immunité plus absolue pour
la variole que pour la phthisie, fait déjà démontré par
Rayer, Murchison et par l'épidémie de Mayence, qui
a sévi sur un grand nombre de vieillards, même âgés
de 78 et de 79 ans (Parrot, Gazette des Hôpitaux,
1880).

De cette étude il résulte que la variole, dans l'état
puerpéral, est une maladie des plus graves. Il nous
reste à *étudier comparativement le pronostic des deux
autres fièvres éruptives.*

Rougeole. — Nous connaissons peu de choses sur la
rougeole dans l'état puerpéral. Grisolle dit avoir observé 4 cas dans lesquels la grossesse n'a été en rien
influencée. Bourgeois (de l'influence des maladies
de la femme pendant la grossesse, sur la santé de

l'enfant, acad. 1862), rapporte 15 faits dans lesquel 8 fois il y eut avortement sans cependant d'accidents graves pour la mère. Plusieurs auteurs, Guersant, Rœsen, Bourgeois, ont cité des observations de transmission au fœtus. M. Gautier, dans un récent mémoire (Arr nv. de Gynéc., 1879), se prononce aussi pour l'innocuité de la rougeole puerpérale. Bien que les documents sur ce sujet soient encore peu nombreux, nous croyons que l'on peut se ranger à cette dernière conclusion.

Scarlatine. — Nous ne nous occupons de cette affection qu'au point de vue du pronostic ; c'est dire que nous n'entrerons pas dans les discussions à perte de vue dans lesquelles se sont engagés les auteurs, les uns admettant dans certains cas que la scarlatine pendant la grossesse subirait, dans son évolution clinique, des modifications telles qu'elles mériteraient le nom spécial de maladie scarlatinoïde (Guéniot) ; les autres l'assimilant, quand elle survient dans les suites de couches, à une véritable fièvre puerpérale. La scarlatine peut survenir pendant la grossesse malgré l'opinion contraire de Trousseau (épid. de Cour-Cheverny, 1828) et de Senn. M. Hervieux (Union médicale 1867), en rapporte sept cas très nets et conclut à la bénignité de la scarlatine puerpérale. Mais ainsi que l'ont fort bien remarqué MM. Mac-Clintok (1866) et Olshausén, c'est le plus souvent dans les jours qui suivent de près l'accouchement que survient la scarlatine. Dans ces cas elle serait beaucoup plus grave. Sans tenir compte des causes directes de la mort, voici la statistique que nous trouvons dans la thèse de M. Lesage et qui nous paraît l'expression exacte de la réalité. Sur 8 femmes prises immédiatement après l'accouchement, il y eut 6 morts, soit

75 0|0. Sur 64 femmes prises le premier et le second jour, il y eut 36 morts, soit 56 0|0. Sur 27 femmes prises le troisième jour, il y eut 14 morts, soit 51,80|0. Sur 26 femmes prises du troisième au huitième jour, il y eut 5 morts, soit 19,2 0|0. Une femme fut prise dans le mois et guérit. En 1878 notre collègue et ami M. Colson a communiqué à la Société clinique deux cas de scarlatine apparue quarante-huit heures après les couches qui furent rapidement mortes. Depuis le commencement de cette année, deux femmes ont été à la Maternité de Paris, atteintes de scarlatine intense du dixième au quinzième jour et ont guéri. Nous nous associons pleinement aux conclusions formulées par M. Lesage : « La proportion de mortalité décroît à mesure que la maladie apparaît à un jour plus éloigné de l'accouchement; il y a d'autant plus de chance de guérison qu'elle se déclare plus tard. Nous pensons que ce qu'il faut surtout considérer dans la scarlatine puerpérale, c'est la maladie ell-même, et non pas comme le veulent MM. Braxton-Hicks et Martin, de Berlin, les complications inflammatoires survenant du côté de l'appareil génital. »

Au point de vue de la gravité, la variole puerpérale occupe donc toujours le premier rang, 61, 50|0; immédiatement après elle, vient la scarlatine, 50 0|0, et très loin ensuite, la rougeole.

CONCLUSIONS GÉNÉRALES.

A la fin de chacun des chapitres précédents, nous avons exposé les conclusions qu'il nous paraissait raisonnable de tirer des faits mentionnés. Nous ne ferons donc ici que des conclusions générales, desti‑nées à résumer l'esprit et le but, dans lesquels ce tra‑vail a été fait.

La variole est la maladie qui résulte de l'intoxication de l'organisme, du sang et du système nerveux, par le virus variolique.

On en trouve la preuve dans la marche de la ma‑ladie, dans l'apparition et dans les caractères des sym‑ptômes, dans leur variabilité même, qui sont propor‑tionnels à la susceptibilité et aux modes réactionnels de chaque individu.

Si les stéatoses rapides démontrent l'action d'un poison hématique, la fièvre, la céphalalgie, la ra‑chialgie, les rash, qui ne sont ni une affection ni un accident dans la maladie, mais qui en constituent un des symptômes, et l'un des plus précieux pour le cli‑nicien, les paralysies, les retentissements utérins, et les divers autres troubles fonctionnels, enfin, l'érup‑tion elle même, sont tout autant de preuves qui attestent l'intoxication et la souffrance du système nerveux, et sa réaction contre le virus.

Le système nerveux médullaire et le grand sym‑pathique, sont surtout intéressés, comme le prouvent l'absence de troubles cérébraux, de délire, la présence de la rachialgie, des paraplégies, *des rash qui ne sont qu'une conséquence de la paralysie des vaso-moteurs, des métrorrhagies, qui ne sont que des rash utérins.*

Une évolution morbide de cette nature ne peut affecter un cycle parfait et fatal, et sa symptomatologie ne saurait être renfermée dans un cadre fixe et invariable.

La division en périodes d'allures et de durée connues et déterminables à l'avance, est, pour la variole comme pour les autres fièvres éruptives, contraire à l'esprit clinique, en ce sens qu'elle n'est pas confirmée par les faits. Chaque organisme en effet, en face d'un poison virulent comme de tout autre agent toxique, dont les effets varient aussi selon le terrain, se comporte et réagit à sa manière. Là encore, *il y a des malades et non une maladie.*

Le cadre typique et tracé à l'avance d'une façon immuable conviendrait à peine aux infections artificielles (Chine), aux inoculations (Angleterre), faites avec un même virus, chez des gens également bien portants et également résistants, conditions irréalisables en pratique.

Les complications elles-mêmes tiennent moins dans cette maladie, au virus proprement dit, qu'à des circonstances accidentelles ou à des conditions défavorables préexistant dans les organes des malades, *loci minoris resistentiæ.*

Parmi les états les plus fâcheux au moment de l'infection variolique, il faut signaler *l'alcoolisme* et la *puerpéralité,* à cause de leurs effets dépressifs sur l'organisme.

La variole est un accident particulièrement redoutable pour la femme grosse.

La moelle étant spécialement atteinte et le grand

sympathique directement compromis, les rash et les métrorrhagies sont les conséquences des troubles de l'innervation vaso-motrice. Les centres moteurs du muscle utérin étant situés hors de la moelle, la variole devrait ne pas troubler la grossesse. Cependant dans les varioles, même de moyenne intensité, *l'avortement et la mort de l'enfant sont la règle.* Ils ne sont pas dus à des lésions placentaires et à des troubles de nutrition comme dans la syphilis, qui est une intoxication à marche chronique.

Ici, l'intoxication aiguë spéciale joue un grand rôle, car, l'innocuité de la fièvre typhoïde, par exemple, sur la grossesse, montre que *l'hyperthermie* ne peut être seule mise en cause. C'est du moins la seule conclusion que l'on soit en droit de tirer des faits actuellement acquis à la science.

Si la grossesse est avancée, la mère court 61 *risques pour* 100 de succomber aussi, et très peu de temps après l'accouchement.

Pendant la puerpéralité, *la variole est la plus redoutable des fièvres éruptives.*

TABLE DES MATIÈRES.

CHAPITRE PREMIER.

ANATOMIE ET PHYSIOLOGIE PATHOLOGIQUES.

CHAPITRE II.

CHAPITRE III.

DES RASH.

CHAPITRE IV

CHAPITRE V.

CHAPITRE VI.

Paris. — A. PARENT, imprimeur de la Faculté de Médecine, rue M.-le-Prince, 29-31.